过程挖掘方法
与教育应用

冯健文 著

清华大学出版社

北京

内 容 简 介

本书系统地介绍过程挖掘的原理、方法、技术及其在教育领域的应用，重点介绍基于Petri net 的形式化挖掘技术和基于语义的挖掘技术，并举一个完整的挖掘大学校园学生行为特征的案例。本书既有完整的理论框架又有专门的教育领域实践应用，可供计算机、大数据、人工智能等相关专业领域的学生和研究人员参考。

图书在版编目（CIP）数据

过程挖掘方法与教育应用 / 冯健文著. —北京：清华大学出版社，2024.9
ISBN 978-7-302-62415-8

Ⅰ. ①过… Ⅱ. ①冯… Ⅲ. ①数据采掘 Ⅳ. ①TP311.131

中国版本图书馆 CIP 数据核字(2022)第 254513 号

责任编辑：贾　斌
封面设计：常雪影
责任校对：李建庄
责任印制：沈　露

出版发行：清华大学出版社
　　　　　网　　　　址：https://www.tup.com.cn, https://www. wqxuetang.com
　　　　　地　　　　址：北京清华大学学研大厦 A 座　　　　邮　　编：100084
　　　　　社　总　机：010-83470000　　　　邮　　购：010-62786544
　　　　　投稿与读者服务：010-62776969, c-service@tup.tsinghua.edu.cn
　　　　　质　量　反　馈：010-62772015, zhiliang@tup.tsinghua.edu.cn
　　　　　课　件　下　载：https://www.tup.com.cn, 010-83470236
印　装　者：小森印刷（北京）有限公司
经　　　销：全国新华书店
开　　　本：170mm×230mm　　　印　　张：8.75　　　字　　数：153 千字
版　　　次：2024 年 9 月第 1 版　　　印　　次：2024 年 9 月第 1 次印刷
定　　　价：59.00 元

产品编号：098193-01

前言
preface

业务过程广泛存在于工作流管理系统、业务过程管理系统、企业资源计划系统等过程感知的信息系统以及半结构化的分布式应用中，过程挖掘技术从这些业务过程日志中提取有价值的知识，可发现、监控和改进原有业务流程，是实现业务过程管理（BPM）的重要方法。过程挖掘研究包括过程发现、符合性检查、模型改进三方面，其中过程发现的目标是从事件日志中构造业务过程模型。当前，过程挖掘已广泛应用在医疗、金融、教育、电子商务等领域。

本书在总结归纳过程挖掘历史和发展的基础上，主要阐述基于工作流网（WF-net）的过程发现算法，侧重于复杂控制流结构发现算法研究，并介绍其在教育领域的应用。全书分为 5 章，包括基本概念、基本算法、应用实例以及轨迹挖掘中新的研究方向。第 1 章是过程挖掘概述，是对全书描述的问题的铺垫，介绍了过程挖掘基本概念、任务、研究现状和挑战。第 2 章是 Petri net 过程挖掘概述，阐述了形式化算法的代表理论——Petri net，系统介绍了日志的表示、WF-net 等概念，这是全书研究的理论基础。第 3 章是 WF-net 过程挖掘技术，系统介绍了 α 系列算法，并阐述了短循环结构和重复任务问题的挖掘算法，开拓复杂控制流结构，发现算法研究新思路。第 4 章是教育物联网过程挖掘应用，把过程发现算法应用到教育物联网领域的一卡通 RFID 应用分析实践中，重点研究事件日志质量和多角度过程挖掘分析方法，阐述了某高校教育管理实例应用。第 5 章是基于语义的过程挖掘技术，在轨迹挖掘研究中引入过程挖掘技术，阐述了基于主题模型LDA 的语义轨迹挖掘方法。

本书系统阐述了 WF-net 过程挖掘技术，提出了解决短循环结构和重复任务问题的挖掘算法，并进一步拓展至轨迹挖掘领域，理论体系完整又有所创新，基于物联网的高校一卡通案例增强了本书的应用参考价值。

本书在清华大学出版社相关领导和专家、编辑的信任、指导、支持和帮助下完稿并出版，同时，本书是广东省普通高校创新团队项目"数据科学与智慧教育创新团队"（2021KCXTD038）、广东省省级科技计划项目"基于物联网的陶瓷生产远程监控平台研究"（2015A010103015）、广东省教育厅创新强校资金"基于过程发现和主题模型的 RFID 数据轨迹挖掘及应用研究"（2017KTSCX123）、广东省普通高校重点实验项目"数据科学与智慧教育重点实验室"（2022KSYS003）的研究成果，也参考了国内外相关研究。在此，谨致谢意！

冯健文

2022 年 7 月

目录
contents

过程挖掘概述

本章首先介绍过程挖掘技术产生的背景，系统阐述过程挖掘的概念和研究内容，然后介绍过程挖掘研究的国内外现状、面临的挑战及发展。

1.1 过程挖掘概念

随着经济的全球化、信息的网络化和人类社会科技的进步，在市场竞争日趋激烈的时代，企业所处的商业环境发生了巨大的变化，给企业带来了许多挑战。人们逐渐认识到进行业务过程管理与优化的必要性和重要性。因此自 20 世纪 90 年代以后，业务过程管理（Business Process Management，BPM）受到了研究者越来越多的关注。业务过程管理的目标是从业务过程的角度对企业进行全方位的管理，并支持业务过程的持续改进，其核心思想是为企业内及企业间的各种业务过程提供一个统一的建模、执行和监控的环境。通常业务过程管理（BPM）包括 7 个业务过程阶段：设计、分析、实现、配置、执行、调整和诊断。

- 设计阶段：设计一个新的过程模型或改进原有业务模型；
- 分析阶段：把设计好的模型与候选模型进行比较，优化设计模型；
- 实现阶段：结合业务管理需求，采用软件技术把业务过程模型实现为业务过程管理系统；
- 配置阶段：根据使用部门实际情况，在业务过程管理系统中输入各类基础和运行支撑数据，并设置运行参数；
- 执行阶段：运行业务过程管理系统，执行业务过程，在此期间监控执行情况；
- 调整阶段：根据业务过程执行中发现的问题，在不需要重新设计业务过程的前提下，调整配置参数优化系统；
- 诊断阶段：分析业务过程执行情况，并根据分析结果决定是否需要重新设计业务过程。

图 1-1 描述了 7 个阶段间的联系。首先，企业根据业务管理需求设计一个新的业务过程模型，然后基于计算机网络技术、工作流技术、企业应用集成和 XML 技术把模型实现为业务过程管理系统，在得到足够的配置数据后，系统开始执行。执行结束后可组织人员对执行绩效进行诊断。诊断结果决定是否需要改进模型。

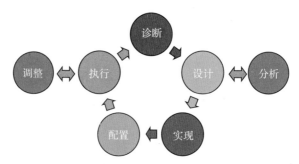

图 1-1　业务过程管理（BPM）运作流程

但是在实施业务过程管理中，企业经常遇到两方面的挑战：

（1）业务过程建模是一项复杂、耗时、易错的任务，而且人工设计的过程模型通常主观、不完整或过于抽象。此外，建模任务可能由多人协作完成，理解的差异和交流沟通的障碍都会影响到模型的质量。而且建模工作还需要迭代优化才能进行实现和执行。

（2）由于企业面临的环境快速变化，业务过程随时会更新，这使得业务过程模型要经常优化和调整。若没有建模专家和业务管理人员的共同配合，模型的修改和重新设计并不容易。

上述问题的本质在于缺乏对业务过程执行细节的客观评价及无专家指导的业务过程建模工具。

随着信息技术的发展，BPM 存在的困境出现了解决的契机。从 20 世纪 70 年代末开始，软件发展的重点开始从数据处理转向过程管理，企业从重视事前详细设计转向过程重设计及组件重组。随之大量的业务过程建模工具、工作流管理系统、企业信息管理系统开始在社会各领域广泛应用。

信息系统的蓬勃发展产生了大量的业务执行数据。许多企业都想通过分析这些数据来改进业务过程模型以适应环境的快速变化。在业务分析需求的驱动下，数据挖掘、机器学习、统计学等数据分析技术和 Petri net、EPC、BPMN 等建模方法逐渐成熟并表现了实用价值。在 21 世纪初，这些技术被引入 BPM 领域后得到了新的发展，称作过程挖掘（Process Mining）技术。

目前过程挖掘已成为业务过程管理领域的一种重要技术，其目标是从信息系统存储的业务过程执行数据中发现有价值的知识，以分析、检查和改进原有业务过程。过程挖掘可应用到 BPM 的多个阶段。例如，通过分析业务过程管理系统的事件日志，可获取多个不同角度的分析结果，为设计阶段提供候选模型；对该候选模型进行模拟运行，可查看设计模型的执行情况；基于决策点和参数配置的过程挖掘技术则可增强配置阶段的配置功能。

通常过程挖掘技术包含三方面：过程发现（Discovery）、符合性检查（Conformance）和模型改进（Enhancement）。三种技术的联系如图 1-2 所示。

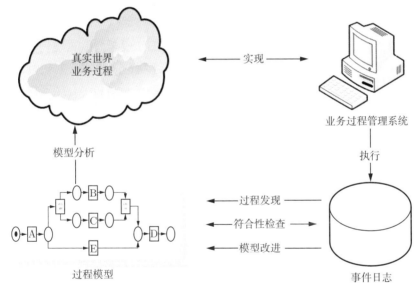

图 1-2　过程挖掘的三种技术分类：过程发现、符合性检查和模型改进

过程发现技术的目标是从事件日志中提取过程模型及其他有价值的信息，其优点是建立模型所依赖的原始数据不多，用户可以得到整个业务过程的全局视图。在过程挖掘中，过程发现技术是最关键的，因此受到许多研究者的关注。而符合性检查技术则专注于一个问题，就是对于同一个日志，哪个业务过程模型是最好的。因此，符合性技术可用于评估过程发现算法的质量，同时也可以用作算法设计的辅助方法。模型改进技术是使用真实的业务管理知识，结合过程发现和符合性技术的结果，增强或改善原有业务过程模型。显然模型改进是过程挖掘对 BPM

的作用最终体现。三种类型技术有区别和联系，过程发现是对现实业务过程执行情况的反映，符合性检查是对挖掘结果质量的评价，改进技术则可通过调整原业务过程的参数寻找改进策略。因为过程发现阶段得到的过程模型是真实世界的客观描述，因此对模型改进有重要借鉴作用。

在过程发现研究中，控制流维度发现（Control-flow Discovery）算法是研究热点，也是本书的重点关注内容。在业务过程执行中，业务活动可能有各种各样的执行次序，通常采用工作流模式或控制流结构来描述这些次序关系。常见的控制流结构包括顺序（Sequence）、选择（Choice）、并行（Parallel）、循环（Loops）、非自由选择（Non-free Choice）结构，以及一些特别的业务活动，如隐含任务（Implicit Tasks）和重复任务（Duplicate Tasks）等。显然，在过程发现算法中，必须正确识别这些控制流结构才能构造出过程模型。

目前控制流结构过程发现算法研究已有不少工作成果，但算法仍需要进一步完善。此外，现有算法在真实的应用实践中遇到了挑战，也需要对过程发现方法和技术如何优化以提高实用价值进行理论和应用研究。本书将介绍面向包含短循环和重复任务的理想日志，从日志中发现以 WF-net 表示的业务过程模型的方法。此外，以教育物联网领域 RFID 分析应用为例，讨论采用过程挖掘和轨迹挖掘技术开展业务管理决策支持的方法和技术。

1.2 过程发现算法

过程挖掘的研究背景是信息系统的广泛应用和业务数据容量的急剧增长。从银行自动取款机到网站系统、企业管理软件、电子政务等应用，都记录了大量业务数据，管理决策支持的需求对分析业务数据提出了要求。过程挖掘技术可满足这些需求，提供对业务执行情况的流程合理性分析、效率分析、异常活动分析等有意义的功能，为业务活动监控（BAM）、企业绩效管理（CPM）、持续过程改进（CPI）、业务过程改进（BPI）等提供有效支持。

过程挖掘的第一步是过程发现，即从过程事件日志中抽取一个过程模型。该模型可以得到业务过程的不同角度视图，如业务执行流程、组织结构、服务资源、效率等。其中控制流维度挖掘专注于发现业务执行过程中活动间的次序关系，构造一个过程模型来描述业务过程的实际执行情况。发现结果可以采用 Petri net、EPC、BPMN、UML 等来表示。组织结构维度则挖掘过程的参与者和他们之间的联系，从而可得到角色关系、组织层次结构和社会关系网络。还有使用时间、地点、消费额等活动属性的多种维度分析。

美国新墨西哥州立大学的 Cook 教授团队较早研究过程挖掘，1995 年首次提出过程发现定义，即从软件过程的事件日志中自动发现过程模型，在后续的研究中，提出了基于有限状态自动机的过程发现算法，算法能处理并行结构和噪声问题，并应用到了软件工程过程应用领域。随后，美国 IBM 院士 Agrawal 在 1998 年在工作流管理系统分析中采用了类似思想，正式命名为过程挖掘，提出了基于布尔表达式有向图的过程发现算法，算法也能处理并行结构和噪声。Datta 也在 1998 年提出了基于概率模型的算法，可挖掘出带并行结构的模型。德国的 Herbst 等人则采用机器学习方法首次尝试解决重复任务问题。

荷兰埃因霍温理工大学 van der Aalst 研究团队自 1998 年开始在过程挖掘领域进行了系统的研究与应用，取得了优秀的成果，推动了过程挖掘技术的发展和实践。1998 年，Aalst 把 Petri net 理论引入工作流管理领域，提出了工作流网（Workflow Petri net，WF-net），实现了工作流领域的业务过程建模和分析，出版了过程挖掘领域第一本著作：*Workflow Management: Models, Methods, and Systems*，现已成为许多大学过程挖掘和工作流课程的标准教程。该团队还在 2003 年对当时的过程挖掘算法和工具进行了全面综述，指出过程挖掘算法面临的 9 大开放问题，也讨论了以 WF-net 为基础的过程挖掘算法的当前进展及未来方向（citeMedeiros2003），其中关键挑战就是包含复杂结构的控制流过程发现算法研究。在 2004 年，Aalst 提出了经典的 α 算法，该算法成功地解决了并行结构挖掘问题，可从事件日志中发现结构化 WF-net 过程模型。但算法假设了日志完备和无噪声，无法发现短循环、非自由选择结构等复杂控制流结构。随后其他研究者扩展 α 算法，提高了基于 WF-net 的过程发现算法挖掘能力。2004 年，该团队的 Medeiros 提出了 α^+ 算法，可以支持短循环结构的挖掘，并证明了方法的正确性。国内清华大学的过程挖掘研究小组包括王建民、孙家广、闻立杰等学者，与荷兰 Aalst 团队合作，参与了不少世界范围内的研究项目，取得了不错的成果。2007 年，闻立杰提出了间接依赖的次序关系，提出了基于 WF-net 的识别非自由选择结构算法，他还研究了隐含任务问题。此外，假设一个业务过程活动包含开始和结束两个事件，他在 2009 年提出了一种基于事件类型的算法，可从包含并行和短循环的事件日志中构造 WF-net 过程模型。中山大学的顾春琴则提出了包围任务的概念，采用挖掘前识别重复任务的方法，扩展 α 算法可从包含并行、短循环的事件日志中发现重复任务,并构造 WF-net 模型。Aalst 在 2010 年针对过度适合和不够适合问题,提出了基于状态区域理论(State-based Region)的两步法,该方法通过五种事件抽取策略建立中间变迁系统,然后采用区域理论构造 Petri net 模型,该方法为用户提供了控制模型与日志的适合度的方式。基于语言区域理论构造模型,不需要生成中间模型,但缺少可配置性。

传统的数据挖掘方法也引入过程挖掘领域。遗传算法开始应用到过程挖掘算法设计中,可通过定义交叉、置换等过程遗传操作算子,最终演化出与日志非常吻合的过程模型,遗传过程挖掘算法尝试用统一方法综合解决非自由选择结构、不可见任务和重名任务的挖掘问题,算法具有处理噪声的能力,但效率较低。台湾中山大学的 Hwang 提出基于有向图进行过程挖掘的方法,利用了日志中记录的时间信息,使得并行关系的发现更加直接准确,同时深入讨论了噪声处理机制,随后又提出从过程实例中发现频繁发生的时序模式的方法,并将研究成果应用于医疗保健欺诈行为检测。Silva 提出基于机器学习方法的概率过程挖掘算法。北京大学的袁崇义教授提出用于挖掘同步网的过程挖掘算法,并对挖掘不可见任务进行了讨论。意大利卡拉布里亚大学的 Greco 等以挖掘过程模型的层次树为目标,这些模型从不同的抽象层次描述事件日志。Maruster 则采用基于诱导规则的方法从事件日志中发现任务间的因果关系,随后诱导更多规则来发现任务间的顺序、并行和互斥关系,并同时对日志中包含的噪声进行处理。Dongen 的方法目的是为每个过程实例产生 EPC 表示的实例图,并进行聚集以产生最终的过程模型。吉林大学计算机科学与技术学院的李嘉菲针对重复任务挖掘问题提出一种基于启发式规则的算法,该算法能从事件日志中发现有限的重复任务。

过程挖掘也开始应用到实践中,Song 尝试从记录了用户执行活动信息的日志中挖掘业务过程中的交互模式,进而得到社会网络。过程挖掘技术可以作为进行业务过程变化分析和符合性测试的工具。此后过程挖掘算法开始在不同领域应用(如 Ad-Hoc 过程、入侵检测、属性验证、CSCW 系统、政府机构、可配置企业信息系统、多代理拍卖系统和柔性工作流系统)进行推广应用。Christian 等提出用于衡量过程模型和事件日志吻合程度的度量公式,以及根据给定事件日志衡量不同过程模型优劣的方法。Rozinat 提出利用事件日志中记录的数据信息挖掘组织决策的算法。奥地利克拉根福大学的 Eder 为工作流日志提出一种通用的数据仓库,并利用业界案例展示了方法的合理性。德国乌尔姆大学的 Ly 提出从事件日志中挖掘人员分配规则的算法。挪威科技大学的 Ingvaldsen 从管理学角度阐述了业务过程挖掘技术在企业中的应用，并提供挖掘工具来分析 ERP 系统日志。

　　近几年来，过程挖掘开始应用到云服务和大数据分析的领域，奥地利维也纳大学的 Gombotz 将过程挖掘技术用于 Web 服务交互模式挖掘。Aalst 介绍了业务过程管理在大数据时代的挑战，开发了一种分解的过程挖掘方法。在云服务环境下，过程挖掘面临着跨组织、容易出现错误过程、粒度等问题，文献通过讨论一个电子商务供应链的业务过程案例，介绍当前服务挖掘（Service Mining）的挑战和对策。

　　软件过程挖掘工具的出现也对过程挖掘发展起到了重要作用。Process Miner 软件由德国奥尔登堡大学的 Schimm 教授，该软件能输出块结构的过程模型。Little Thumb 由荷兰埃因霍温理工大学的 Aalst 教授等提出，能够从包含噪声和不完全的工作流日志中构造出 WF-net。随后，他们提出又一挖掘工具 EMiT，该工具用 α 算法进行挖掘，并能够自动显示挖掘出的 WF-net。BPI Process Mining Engine 由 Grigori 应用于 HP 公司的过程管理。InWoLvE 由德国乌尔姆大学的 Herbst 实现，该工具支持带重名任务的过程模型挖掘，在 2006 年更新为带有良好交互性的 ProTo 软件。不同的信息系统有不同的事件日志，在分析前，需要从不同的数据源抽取出需要的日志数据，并通过清洗、合并等步骤才得到可用于分析的事件日志。而研究者开发了各类过程挖掘软件工具，这些工具都以不同的工作流系统日志作为数据源。因此有必要统一用于分析的事件日志文件格式。Dongen 在 2005 年提出了用于过程挖掘数据的元模型，日志最终以 XML 格式（MXML）存储，这也标志着著名过程挖掘工具 ProM 的诞生。随后 ProM 软件不断更新改进，较为稳定的 ProM 软件版本为 6.4，集成了超过 100 种挖掘分析和转换插件。2010 年，XES 格式文件推出，支持日志数据的多语义定义。此后，商业化的过程挖掘支持软件开始出现，重要的有 Fluxicon 公司开发的 Nitro 和 Disco 日志及 ProM 平台的 XEsame 数据转换软件，可将普通的日志文件转换为标准的 MXML 格式和 XES 格式文件。

　　虽然近十年来过程挖掘研究取得快速的发展，但是许多算法还不够完善，分析软件还不成熟，技术的应用效果并不理想。过程挖掘是涉及计算智能、数据挖掘、过程建模和分析的新技术。为了促进过程挖掘的研究和开发活动，IEEE 过程挖掘工作组（IEEE Task Force on Process Ming，ITFPM，http://www.win.tue.nl/ieeetfpm）在 2009 年成立，属于数据挖掘技术委员会（Data Mining Technical Committee，DMTC）管理，有成员 20 多个，包括世界著名的业务管理软件企业、顾问公司、大学和研究机构，国内清华大学是成员之一。工作组的职责是传播过程挖掘领域的最新技术和成果、促进过程挖掘技术的应用、过程挖掘技术和日志数据的标准化、组织学术研究和会议及出版相关书籍和论文。

2011 年 10 月，ITFPM 在 BPM2011 会议上发布了过程挖掘研究指南性文章"Process mining manifesto"。其中对如何应用过程挖掘给出了 6 个使用建议：

（1）要重视事件日志数据质量；

（2）要根据需求选择日志数据；

（3）要支持并行、选择和循环等基本控制流结构；

（4）事件要与建模元素相关；

（5）模型应是实际情况的体现；

（6）过程挖掘要持续进行。

同时，还列出了过程挖掘领域的 11 个研究热点：

（1）事件日志数据的筛选、合并和清洗。现实中日志数据面临着分散、非业务过程特征、不完备、噪声、数据单位不一致和语义不相同等问题，这需要借鉴数据仓库和数据挖掘方面的数据预处理技术，研发优秀的日志数据处理工具。

（2）分析复杂事件日志。大数据容量、数据持续更新、数据过于详细等复杂事件日志特征问题，是当前过程挖掘和数据挖掘领域的开放研究问题，需要研发工具可以快速验证这些复杂事件日志是否符合过程挖掘的要求。

（3）建立挖掘质量评价标准。当前并没有一些公关的标准衡量已有的过程挖掘研究成果，在面对可能不完备、有噪声的真实日志时，现有的评价方法效果一般，因此可以把数据挖掘领域成熟的评价标准引入过程挖掘领域。

（4）处理概念漂移（concept drift）问题。由于事件日志的持续更新，已挖掘的过程模型在不同的时期会出现挖掘质量的变化。这要求在过程模型中要反映出业务过程执行结果的变化，并提高结果的可理解度。

（5）减少过程发现过程中表示方法的差异。在过程发现算法中通常采用某种表示方法（如 Petri net），因为各种表示方法的差异会造成同样的事件日志可能因为存在一些特殊的事件特征，不被目标表示方法支持。可以通过算法发现过程和模型展示采用不同的表示方法来解决。

（6）平衡不同的评价指标。通常衡量一个过程算法的挖掘结果质量可以通过适合度（fitness）、简洁（simplicity）、精确（precision）和普遍性（generalization）四方面，但是四个指标存在矛盾，这需要寻找一个平衡点。由于真实日志的业务背景不同，必须提供可由用户根据经验可配置的平衡功能。

（7）跨组织挖掘。云计算、服务计算、供应链集成等应用使得业务过程由多个组织共同完成。在过程挖掘中，不仅要考虑事件日志数据的合并，还要分析不同组织的参与对过程执行的影响。另外，不同的组织执行一个公共业务过程的情形也为改进业务模型提供了有价值的信息。

（8）提供业务分析支持。过程挖掘以往是分析历史事件日志数据，但现在数据更新频度很高，因此过程挖掘也需要支持在线分析，例如检测和推荐。

（9）过程挖掘与其他类型分析结合。业务管理和数据挖掘领域已有许多有价值的分析技术。从过程挖掘到一个仿真模型，结合历史数据分析和数据挖掘分析，可以更有效地理解业务过程执行情况，提高过程挖掘的应用效果。

（10）改进无专家系统的使用方法。由于事件日志不断更新，过程挖掘软件将会成为用户常用的工具。因此如何屏蔽复杂的挖掘算法，为用户提供友好、简单、易用的使用方式尤为重要。

（11）改进无专家系统结果的可理解度。目前很多算法的挖掘结果都使用专业的表示语言，用户不容易理解模型的代表含义。必须选择用户容易理解的表示方法，同时对于模型的说明也应非常清楚。

经过十年发展，过程挖掘算法已形成基于 WF-net 的算法（α 系列算法）、启发式算法、基于计算智能的算法、基于 Region 的算法和基于大数据的算法五大类别。未来过程挖掘领域新的挑战主要有异源日志的融合问题、概念漂移问题和大数据处理问题等。

本书主要内容体现在基于 WF-net 的过程发现算法的挖掘能力扩展上。建模语言 WF-net 有很好的形式化基础，有很多成熟的分析工具和理论可以运用，基于 WF-net 的算法是形式化的，可以在日志完备性下研究算法的正确性，这是其他非 Petri net 过程挖掘算法不具备的，其主要的挑战包括：

（1）复杂控制流结构挖掘。顺序、并行、选择、循环结构是常见的基本控制流结构，但隐含任务、重复任务、非自由选择结构增加算法的挖掘难度，这也是目前尚无一种基于 WF-net 的过程挖掘算法可识别全部常见控制流结构的原因。因此从包含多种复杂结构关系的日志中构造 WF-net，不仅是近十年来过程挖掘研究者的研究重点，也是 ITFPM 给出的业务管理系统功能建议之一。α 系列算法是通过定义和扩展活动间的次序关系来达到识别控制流结构的目标，所以引入新的次序关系并结合其他辅助方法是有希望解决该问题的。

（2）事件日志质量。随着过程挖掘的应用范围扩大，真实日志存在分散存放、有噪声、不完备、抽象层次不同等质量问题。此外，日志中应该存放什么事件数据也应该得到业务管理需求的指导。基于 WF-net 的过程挖掘算法都假设日志完备性和无噪声。因此在算法执行前，必须研究如何得到高质量的事件日志。

（3）联合其他分析技术的过程挖掘应用分析。过程挖掘可采用不同的角度进行挖掘和分析，但基于 WF-net 的过程发现算法多研究控制流挖掘方法。面对业务管理应用时，单分析控制流过程模型并不能让用户容易理解潜在的知识。因此有必要在得到控制流模型后，结合其他分析技术（如数据挖掘、机器学习、统计学、业务查询等）开展多角度分析，以获得更多有价值的信息。

（4）支持不同的抽象层次。在应用实践中，有不少在同一日志中存在不同抽象层次的事件的例子，如代表用户登录网站的一系列活动，因为有不同的活动属性造成活动的抽象层次不一致。目前大部分基于 WF-net 的挖掘算法都假设抽象层次为（1:1），仅有 Tsinghua$-\alpha$ 算法可处理一个变迁对应开始和结束两个事件（1:2）的情形，但算法在识别复杂控制流结构的能力还不完善。所以过程发现算法应重视对不同抽象层次的时间日志的挖掘问题。

（5）处理问题。基于 WF-net 的过程挖掘算法都假设日志是稳定不变的，在数据容量不大的时候，算法的执行效率可以接受。但是当事件日志的更新速度逐渐加快、数据容量急剧增长、跨组织的数据增多时，过程挖掘算法必须能够应对这些变化，让用户快速了解最新的业务过程执行情况及跟踪业务过程的变化趋势。

第2章

Petri net 过程挖掘概述

本章介绍事件日志的定义,然后介绍 Petri net 相关定义,工作流网(WF-net)及基于工作流网的过程挖掘的相关概念。

2.1 事件日志

活动(activity)是指信息系统执行业务任务的基本单元,日志文件会把活动执行中的信息保存下来,这些信息可能包括活动名称、执行时间、执行者、使用资源等。活动的执行在日志中的一次记录称为事件(event)。有些信息系统的业务执行活动可能包括活动开始、执行、结束等多个步骤,那么这称作活动的抽象层次(abstract level)。如果一个活动只有一个执行步骤,那么在日志中该活动只有一类事件与该活动的执行对应,抽象层次为(1:1)。如果活动包括 n 个执行步骤,那么日志中活动与事件的抽象层次为(1:n)。本书中只考虑抽象层次为(1:1)的情形。

一个完整的业务过程包括多个活动,这些活动的执行形成了多条事件序列(trace)。一条序列代表了一个业务过程的执行实例(case)。事件日志是过程挖掘的起点,通过分析日志中事件执行的次序依赖关系,过程发现技术可以构造出业务过程模型,该模型可用于辅助业务过程管理分析。下面给出事件日志和事件序列的形式化定义。

定义 2.1.1(序列) 令 T 为某些标签的字母表,基于 T 的长度为某自然数 n 的序列是一个函数 $\sigma : \{0, \cdots, n-1\} \to T$。长度为 0 的序列称作空序列,记作 ε。基于 T 的任意长度的序列集合记作 T^*。

定义 2.1.2(事件序列、事件日志) 令 T 为活动集合,$\sigma \in T^*$ 是一条事件序列,$W \subseteq T^*$ 是一个事件日志。

表 2-1 是一个简单业务过程的事件日志。该日志是 4 个活动（A、B、C、D）的执行记录，事件序列案例有 3 个，例如案例 1 为 $\langle D, A, B, A\rangle$。案例中事件的名称和执行时间显然非常重要，是识别事件序列的依据。在事件序列的基础上，结合其他事件属性（如执行者、消费额），可以从多个角度观察业务过程的执行效果。在本书的第 5 章将探讨发现控制流维度过程模型后，采用其他数据分析技术进行业务需求决策分析。

表 2-1　一个事件日志

案例 ID	活动 ID	执行时间	执行者	消费额
1	A	2012-01-04 19:39:21	Tom	0
3	D	2012-01-05 10:03:16	Tom	2.5
2	C	2012-01-06 14:12:09	Susan	0
1	B	2012-02-02 08:24:11	Ken	10
2	A	2012-03-12 22:55:18	Tom	7
1	D	2012-01-04 11:19:20	Tom	0
3	B	2012-10-05 11:04:16	Tom	2.5
3	D	2012-07-06 15:02:09	Susan	8
1	A	2012-11-02 08:20:10	Susan	0.4
2	B	2012-08-12 21:05:04	ken	15.2

下面给出其他关于事件日志的表示方法。

定义 2.1.3（$\in$, first, last）　令 T 为一个活动集合，活动 $t \in T$，存在 $\sigma = t_1 t_2 \cdots t_n \in T^*$ 为 T 上的长度为 n 的事件序列，则有：

- $t \in \sigma$ 当且仅当 $t \in \{t_1, t_2, \cdots, t_n\}$；
- $\mathrm{first}(\sigma) = t_1$，其中 $n \geqslant 1$；
- $\mathrm{last}(\sigma) = t_n$，其中 $n \geqslant 1$。

在定义 2.1.3 中，t_1 为事件序列 σ 的首个事件，t_n 为末个事件。

当从日志中构造出业务过程模型后，必须根据复杂的事件执行次序判断业务过程的执行是否合理、有没有存在死锁等潜在问题，因此需要有力的方法、技术和工具支持过程挖掘。下面介绍的 Petri net 和 WF-net 都是对业务过程建模、分析的优秀方法。

2.2　Petri net

本书使用一种 Petri net 的变形，称为 P/T 网，即库所（Place）/变迁（Transition）网。

定义 2.2.1（P/T 网）　库所/变迁网，简称 P/T 网，是一个三元组 (P,T,F)，其中：

- P 是库所的有穷集合；
- T 是变迁的有穷集合，满足 $P\cap T=\varnothing$ 且 $P\cup T\neq\varnothing$；
- $F\subseteq (P\times T)\cup(T\times P)$ 是有向弧的集合。

定义 2.2.2（标识 P/T 网）　标识 P/T 网，是一个二元组 (N,s)，其中：

- N 是一个 P/T 网；
- s 是从 P 到自然数的一个函数，表示网的标识，即 $s:P\to\{0,1,2,\cdots\}$。

定义 2.2.3（节点、前集、后集）　令 $N=(P,T,F)$ 是一个 P/T 网，则有：

- $P\cup T$ 中的元素被称作节点；
- $x,y\in P\cup T$ 且 $(x,y)\in F$，则 x 是 y 的输入节点；
- $x,y\in P\cup T$ 且 $(y,x)\in F$，则 x 是 y 的输出节点；
- 对任意 $x\in P\cup T$，x 的输入集或前集为 $\bullet x=\{y|(y,x)\in F\}$；
- 对任意 $x\in P\cup T$，x 的输出集或后集为 $x\bullet=\{y|(x,y)\in F\}$。

图 2-1 显示了一个由 8 个库所和 7 个变迁组成的 P/T 网。变迁 A 有一个输入库所和一个输出库所，变迁 AS 有一个输入库所和两个输出库所。变迁 A 的输入库所中的黑点代表托肯（Token），该托肯表示网的初始标识 s_0。若用状态表来表示该初始标识，则有 $s_0=1i+0P_1+0P_2+0P_3+0P_4+0P_5+0P_6+0o$，$1i$ 表示库所 i 中有一个托肯。

标识 P/T 网的动态行为通过发生规则来定义。

定义 2.2.4（发生规则）　令 $N=(P,T,F)$ 是一个标识 P/T 网，则有：

- 变迁 $t\in T$ 就绪，表示为 $(N,s)[t\rangle$，当且仅当 $\bullet t\leqslant s$；
- 发生规则 $\_[\_\rangle\subseteq N\times T\times N$ 是满足如下条件的最小关系：$\forall(N=(P,T,F),s)\in N,t\in T:(N,s)[t\rangle\Rightarrow(N,s)[t\rangle(N,s-\bullet t+t\bullet)$。

在图 2-1 所示的初始标识下，变迁 A 就绪。变迁 A 发生后，从输入库所移除一个托肯，并在输出库所放入一个托肯。而 AS 和 E 共享一个输入库所，两者将抢夺该库所中的唯一托肯。如果 AS 发生，则消耗一个托肯，并产生两个新的托肯。

显然，变迁的发生是一系列标识变化的结果，使变迁就绪的标识称作可达标识。

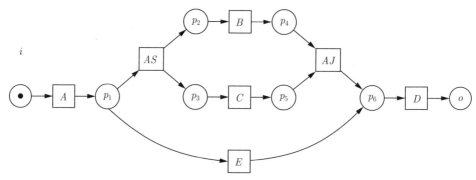

图 2-1　由 8 个库所和 7 个变迁组成的 P/T 网

定义 2.2.5（可达标识）　令 (N, s_0) 是一个标识 P/T 网，标识 s 是初始标识 s_0 的可达标识当且仅当存在一系列可发生的变迁，这些变迁的先后发生使得标识从 s_0 达到 s。(N, s_0) 的可达标识集合记作 $[N, s_0\rangle$。

定义 2.2.6（发生序列）　令 (N, s_0) 为一个标识 P/T 网，其中 $N = (P, T, F)$。序列 $\sigma \in T^*$ 被称作 (N, s_0) 的发生序列，当前仅当存在自然数 n，使得 $\exists t_1, \cdots, t_n \in T, s_1, \cdots, s_n : (\sigma = t_1 \cdots t_n \wedge \exists 0 \leqslant i \leqslant n : ((N, s_i)[t_{i+1}\rangle \wedge s_{i+1} = s_i - \bullet t_{i+1} + t_{i+1}\bullet))$。$n = 0$ 隐含了 $\sigma = \varepsilon$ 且 ε 是 (N, s_0) 的一个发生序列。序列 σ 被称作在标识 s_0 下发生，记作 $(N, s_0)[\sigma\rangle$。序列 σ 发生后得到新的标识 s_n，记作 $(N, s_0)[\sigma\rangle(N, s_n)$。

下面是 P/T 网的一些标准属性，可用于判断发现的过程模型质量。

定义 2.2.7（连通性）　网 $N = (P, T, F)$ 是弱连通的，当且仅当 $\forall x, y \in P \cup T : x(F \cup F^{-1}) * y$，这里 R^{-1} 是关系 R 的逆，$R*$ 是关系 R 的自反传递闭包。网 N 是强连通的，当且仅当 $\forall x, y \in P \cup T : x(F) * y$。

定义 2.2.8（有界性、安全性）　标识 P/T 网 $(N = (P, T, F), s)$ 是有界的，当且仅当可达标识集 $[N, s\rangle$ 是有穷的。N 是安全的，当且仅当 $\forall s' \in [N, s\rangle, p \in P : s'(p) \leqslant 1$。显然，安全性隐含了有界性。

定义 2.2.9（死变迁、活性）　标识 P/T 网 $(N = (P, T, F), s)$ 中，变迁 $t \in T$ 在 (N, s) 下是死的，当且仅当没有 $\exists s' \in [N, s\rangle : (N, s')[t\rangle$。$(N, s)$ 是活的，当且仅当 $\forall s' \in [N, s\rangle, t \in T : (\exists s'' \in [N, s'\rangle : (N, s'')[t\rangle)$。

图 2-1 中的 P/T 网没有一个变迁是死的，但网不是活的，因为它无法使每个变迁持续不断地发生。

2.3　WF-net

工作流网（Workflow Petri net，WF-net）是指用来表示过程模型的控制流维度的 Petri net，由工作流专家 van der Aalst 提出。控制流维度是指支持业务过程建模的构造块，如顺序、选择、并行和循环等结构。若采用 WF-net 表示一个业务过程模型，那么业务活动采用变迁、活动间的因果依赖关系采用库所和连接弧表示。下面给出工作流网的形式化定义。

定义 2.3.1（工作流网）　令 $N = (P, T, F)$ 为 P/T 网，$\bar{t}$ 为不属于 $P \cup T$ 的新节点，N 是工作流网（WF-net），当且仅当

- 对象创建：P 包含这样一个输入库所 i 满足 $\bullet i = \varnothing$；
- 对象完成：P 包含这样一个输出库所 o 满足 $o \bullet = \varnothing$；
- 连通性：$\overline{N} = (P, T \cup \{\bar{t}\}, F \cup \{(o, \bar{t}), (\bar{t}, i)\})$ 是强连通的。

定义 2.3.1 表示，一个 WF-net 中一定有一个开始库所 i 和一个结束库所 o。任何的业务过程实例都从 i 开始到 o 结束。下面是 WF-net 的重要性质——合理性，表示业务过程的执行质量。

定义 2.3.2（合理性）　令 $N = (P, T, F)$ 为 WF-net，输入库所为 i，输出库所为 o，则 N 是合理的，当且仅当

- 安全性：$(N, [i])$ 是安全的；
- 恰当完成：$\forall s \in [N, [i]\rangle : o \in s \Rightarrow s = [o]$；
- 可完成：$\forall s \in [N, [i]\rangle : o \in [N, s\rangle$；
- 无死任务：$(N, [i])$ 不包含任何死变迁。

合理性定义中，安全性说明业务过程执行有限步后结束；恰当完成说明当标识把托肯放入结束库所 o 时，WF-net 内其他的库所应当是空的，如果有残留托肯，则说明网结构需要改进，这称作活锁；至于无死变迁，这表示网内任何一个变迁都有可能被执行。由此可见，合理性是判定业务过程模型质量的重要准则。

2.4　SWF-net

结构化工作流网（Structured Workflow Petri net，SWF-net）是 WF-net 的一个子类。该网的特点是规定选择和并行结构不能混合，即一个变迁不能同时属于选择和并行结构。如果一个 WF-net 不是合理的 SWF-net，那么过程模型不能

正确执行和不能准确反映日志的事件序列。

在图 2-2（a）中，两个变迁 t_1, t_2 之间是选择关系，它们要竞争公共输入库所 p_1 的唯一托肯。若 t_1 获得了 p_1 的托肯，它还不能就绪。因为 t_1 还有一个输入库所 p_2，即 t_1 处于选择和并行结构中。如果 t_1 一直不能获得 p_2 中的托肯，那么将成为死变迁，网不合理了。t_2 的情形类似。

对于图 2-2（b），t_1 有两个输入库所 p_1, p_2，即处于一个并行结构中。但是库所 p_1 有两个输入变迁，即处于选择和并行结构中。如果 t_2 发生了，那么 p_1 中存在一个托肯，但是 t_1 仍不能就绪。如果 p_2 中一直没有托肯，t_1 也将成为死变迁。上述两种情形都会造成 WF-net 不合理，应该避免。下面给出 SWF-net 的定义。

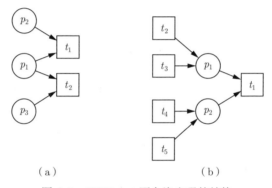

（a）   （b）

图 2-2　SWF-net 不允许出现的结构

定义 2.4.1（结构化工作流网）　一个 WF-net $N = (P, T, F)$ 为结构化工作流网，当且仅当

- 对任意的 $p \in P, t \in T, (p,t) \in F :| p\bullet |> 1$，则 $| \bullet t |= 1$；
- 对任意的 $p \in P, t \in T, (p,t) \in F :| \bullet t |> 1$，则 $| \bullet p |= 1$；
- 不存在隐含库所。

WF-net 过程挖掘技术

本章将介绍基于 WF-net 的过程发现算法，并阐述挖掘短循环和重复任务的算法。

3.1　WF-net 过程发现算法

WF-net 是由库所和变迁组成的网，变迁表示业务活动，库所表示活动间的依赖关系。因此从日志中构造模型的关键在于确定连接两个变迁的库所，从而可以建立连接弧构造过程模型。经典 α 算法通过提取两个变迁的直接次序关系，然后推导出因果依赖关系来确定连接变迁的库所。因此，通过拓展 α 算法增强过程挖掘能力的算法被称作基于提取（abstract）的算法或 α 系列算法，本书统一称作 α 系列算法。近十年来，出现了多个源自 α 算法的研究。它们的目标都是解决一些普遍存在但特殊的过程结构发现问题，如短循环、重复任务、并行任务、隐含任务和非自由选择结构等。各种 α 系列算法大多通过完善变迁次序关系定义来提高识别特殊结构能力。α 系列算法的研究进展极大地推动了过程挖掘研究的发展，数据挖掘、机器学习、统计学等技术开始引入过程挖掘领域，例如基因过程挖掘算法、聚类过程挖掘算法、概率启发过程挖掘算法等，使得过程挖掘技术开始从实验室进入应用实践。

下面首先介绍经典 α 算法的原理，然后比较各种 α 系列算法。

α 系列算法一般包括以下三个步骤：

第一步是抽取阶段，日志中行为轨迹的每个事件经过对比后，事件间的次序关系被抽取出来；

第二步是推导阶段，基于前面的事件次序关系，高级次序关系被推导出来，特殊的事件如隐含任务、重复任务也可能被识别；

第三步是模型构造阶段，根据次序关系，采用定理规则可构造出过程模型。

下面以 α 算法为例，介绍算法工作过程。α 算法定义了事件基本次序关系 $>_W$，然后推导出依赖关系 $\rightarrow_W, \#_W, \|_W$。这些依赖关系暗示两个变迁必然存在库所，否则不符合 WF-net 的特性。

定义 3.1.1（事件次序关系） 设 W 是 T 上的一个工作流日志，即 $W \in \mathcal{P}(T^*)$。对任意 $a, b \in T$:

- $a >_W b$ iff $\exists \sigma \in W, \sigma = t_1 t_2 \cdots t_n, i \in \{1, \cdots, n-1\} : (t_i = a \wedge t_{i+1} = b)$;

- $a \rightarrow_W b$ iff $a >_W b \wedge b \not>_W a$;

- $a \#_W b$ iff $a \not>_W b \wedge b \not>_W a$;

- $a \|_W b$ iff $a >_W b \wedge b >_W a$。

接着 α 算法依据库所的推导定理，构造出过程模型。

定义 3.1.2（挖掘算法 α） 设 W 是 T 上的完备日志。α 算法定义如下:

(1) $T_W = \{t \in T \mid \exists_{\sigma \in W} t \in \sigma\}$;

(2) $T_I = \{t \in T \mid \exists_{\sigma \in W} t = \text{first}(\sigma)\}$;

(3) $T_O = \{t \in T \mid \exists_{\sigma \in W} t = \text{last}(\sigma)\}$;

(4) $X_W = \{(A, B) \mid A \subseteq T_W \wedge B \subseteq T_W \wedge \forall_{a \in A} \forall_{b \in B} a \rightarrow_W b \wedge \forall_{a_1, a_2 \in A}(a_1 \#_W a_2) \wedge \forall_{b_1, b_2 \in B}(b_1 \#_W b_2)\}$;

(5) $Y_W = \{(A, B) \in X_W \mid \forall_{(A', B') \in X_W} A \subseteq A' \wedge B \subseteq B' \Rightarrow (A, B) = (A', B')\}$;

(6) $P_W = \{p(A, B) \mid (A, B) \in Y_W\} \cup \{i_W, o_W\}$;

(7) $F_W = \{(a, p(A, B)) \mid (A, B) \in Y_W \wedge a \in A\} \cup \{(p(A, B), b) \mid (A, B) \in Y_W \wedge b \in B\} \cup \{(i_W, t) \mid t \in T_I\} \cup \{(t, o_W) \mid t \in T_O\}$;

(8) $\alpha(W) = (P_W, T_W, F_W)$。

提取阶段包括第 1、2、3 步，活动集合、首个和末个活动集合及活动间的基本次序关系被提取。推导阶段包括第 4 和 5 步，通过基本次序关系推导出活动间特定的因果依赖关系，根据不同的依赖关系，不同的活动被放入不同的集合中，即 (A, B)。第 5 步中，进一步合并 (A, B) 集合，为下一步确定库所奠定基础。模型构造阶段包括第 6~8 步，活动集合对于变迁集合，库所集合由第 5 步的 (A, B) 集合产生，最后添加库所和变迁间的有向弧，过程模型构造完成。

在分析各种 α 系列算法前，首先介绍如下 4 个主流评判指标:

（1）控制流结构挖掘能力。从事件日志中构造能描述活动执行关系的过程模型是过程发现算法的主要目标，由于活动间的依赖关系会形成多种特定控制流结构，如顺序、并行、选择、循环、隐含任务、重复任务等。因此控制流结构挖掘能力是衡量过程发现算法的核心指标。

（2）日志完备性。因为事件日志中不可能包含过程模型执行的所有活动序列，所以过程发现算法必须对日志的数据是否完备做出假设定义。

（3）抽象层次。抽象层次是指业务过程执行的活动与实际发生的事件间的比例关系。例如在 P/T 网表示的过程模型中，一个变迁代表一个业务过程活动，如果这个活动的执行包括 n 个步骤，那么日志中将记录 n 个事件。因此模型中的一个变迁对应日志中的 n 个事件。这时抽象层次就是 $1{:}n$。

（4）挖掘模型的适合度。根据日志构造的过程模型应能准确地描述日志中活动的执行情况，但是因为日志完备性，过程挖掘算法只能根据当前日志的事件记录来判定活动间的依赖关系。如果日志中增加了新数据，那么之前发现的过程模型就降低了准确度。通过适合度指标的评估，可以反映过程发现算法对于日志内容变化的适应能力。

下面比较不同算法对控制流结构的发现能力，具体分析可见表 3-1。α 系列算法构造的过程模型是一个合理的 SWF-net。以此为目标，陆续出现了识别不同控制流结构的 α 系列算法。

Tinghua$-\alpha$ 算法假设活动的抽象层次为 1:2，即一个活动由开始和结束两个步骤组成。那么不同的活动因执行时间差异就会产生重叠，据此在推导阶段正确识别出因果和并行关系，短循环关系也可转为长循环关系。α^+ 算法扩展了 α 算法可识别短循环结构，在提取阶段根据长度为 1 的短循环活动执行序列 $\langle tt \rangle$ 从日志中暂时去除活动 t 的所有事件，然后采用 α 算法构造模型，最后把短循环活动 t 添加到模型中。在推导阶段，通过活动执行序列 $\langle aba, bab \rangle$ 识别长度为 2 的短循环。α^+ 算法采用去除和添加的方法，原因在于无法解决短循环序列问题，即同一个活动执行序列可由不同的短循环结构表示，例如活动执行序列 $\langle aba, bab \rangle$，可采用两个长度为 1 的短循环或者一个长度为 2 的短循环表示。α' 算法则根据 Occam's razor 法则（为解释某个现象，不应该增加不必要的事物），结合 α 系列算法对挖掘结果准确度的要求，采用了符合性检查（conformance checking）技术对短循环序列问题进行了分析，结果表明对于活动执行序列 $\langle aba, bab \rangle$ 采用一个长度为 2 的短循环表示更好。α' 算法通过扩展活动次序关系定义，采用推导定理规则，证明了算法可同时处理两种短循环结构，并构造出合理的 SWF-net。α' 算法在本章详细阐述。其他算法分别解决隐含任务、重复任务和非自由选择结构识别问题，但是所得的过程模型不一定是合理的 SWF-net。$\alpha^{\#}$ 算法正确识别了隐含任务，在推导阶段通过因果和并行关系判定是否存在隐含任务。α 算法则针对重复任务问题，采用机器学习的方法，通过建立事件的前驱/后继表（P/S table）来得出判定重复任务的启发规则，算法能处理包含顺序、选择、并行和长循环关系的日志。α^{D} 算法采用了等价类的思想，在提取阶段建立同一活动集合，认为在集合中的事件如果对应不同的变迁，则具有重复任务关系，采用推导定理规则可发现重复任务，相比 α 算法，α^{D} 算法不仅可处理短循环关系的日志，而且证明了得到的过程模型是合理的 SWF-net。而 α^{++} 算法解决的问题是非自由选择结构，在提取阶段新增加了间接依赖关系的提取，据此可构造出包含非自由选择结构的过程模型。

表 3-1　基于 WF-net 的过程发现算法比较

算法	完备性	控制流挖掘能力	抽象层次	适合度	SWF-net
α	DS	顺序、并行、选择、长循环	1:1	过度适合	是
$\alpha+$	DS+	顺序、并行、选择、长循环、短循环	1:1	过度适合	是
α'	DS+	顺序、并行、选择、长循环、短循环	1:1	过度适合	是
$\alpha++$	DS++	顺序、并行、选择、长循环、短循环、非自由选择结构	1:1	过度适合	否
$\alpha^{\#}$	DS+	顺序、并行、选择、长循环、短循环、隐含任务	1:0..1	过度适合	否
α^{*}	DS	顺序、并行、选择、长循环、重复任务	1..n:1	过度适合	否
α^{D}	DS	顺序、并行、选择、长循环、短循环、重复任务	1..n:1	过度适合	是
Tsinghua$-\alpha$	CD	顺序、并行、选择、长循环、短循环	1:2	过度适合	是

上述算法都假设日志是完备的。对于 α 系列算法，活动间次序关系出现的频度不作为判定依赖关系的依据，因此只要日志中出现了至少一次的次序关系，都

可以认为活动间是存在依赖关系的。主要的日志完备性定义包括：

- 直接后继完备（DS）：如果两个变迁有直接次序关系，那么日志中应至少出现一次；
- 短循环完备（DS+）：在 DS 的基础上，增加了短循环次序关系，即若一个变迁在与另一个变迁有直接次序关系后，又与自身有次序关系，或者一个变迁与自身有直接次序关系，那么日志中应至少出现一次；
- 间接依赖完备（DS++）：在 DS+ 的基础上，增加了间接依赖次序关系，即具有间接依赖的两个变迁应具有隔离性（不存在直接的可达标识）；
- 因果依赖完备（CD）：对于抽象层次不是（1:n）的情形，如果两个变迁有因果依赖关系，那么日志中应至少出现一次。

在表 3-1 中，$\alpha^{\#}$ 算法的抽象层次为（1:0..1），这表示在日志中，某个变迁的执行没有出现，但是因为活动依赖关系显示过程模型中需要增加这个变迁，例子是隐含任务。研究重复任务问题的 α 和 α^D 算法的抽象层次为（1..n:1），表示在日志中的同名称事件是由模型中不同变迁的执行产生的。

虽然已出现能处理短循环、重复任务、隐含任务和非自由选择结构等问题的 WF-net 过程挖掘算法，但是并没有一个算法可以解决所有问题，同时这些算法在日志完备性、噪声和适合度方面也有完美假设，因此在处理真实日志时用户对挖掘结果不容易理解，也难以适应当前快速变化的业务过程管理智能化要求。但是由于构造的模型是合理的 SWF-net，相比其他算法的挖掘结果，基于 WF-net 的过程发现算法得到的过程模型对优化原有过程模型、模型分析有明显优势，另外算法的执行速度也是最快的。因此，该系列算法在控制流结构挖掘、处理真实日志和用户可配置方面需要更多研究。对于日志噪声问题，Aalst 基于活动因果矩阵将形式化的 Petri net 转化成数学化的矩阵模型，并使用遗传算法对模型进行优化。余建波延续此思路，提出一种统计 α 算法，从噪声日志挖掘非自由选择结构。

3.2　挖掘短循环的过程挖掘算法

在过程发现研究中，控制流维度挖掘是最重要的，它专注于识别常见的业务活动结构，如短循环、重复任务、隐含任务、非自由选择结构等。现有基于 WF-net 的短循环发现算法不能解决短循环事件序列问题，算法步骤较多。本节首先阐述采用符合性检查技术解决短循环事件序列问题，然后定义短循环次序关系，并给出在包含短循环的事件日志中检测变迁间库所的定理规则，提出了可从日志中挖掘包含短循环结构的 WF-net 过程模型的 α' 算法。算法已实现为开源挖掘工具 ProM 的插件，通过理论证明和实例验证，表明提出算法的有效性。

3.2.1　短循环事件序列问题

在控制流结构中，短循环是常见结构，是指长度小于 2 的循环，包括长度为 1（Loop-1）和长度为 2（Loop-2）的短循环两类。如图 3-1 所示，左边的模型中有两个 Loop-1 结构：变迁 c 和变迁 d；右边的模型中变迁 c 和变迁 d 则构成一个 Loop-2 结构。

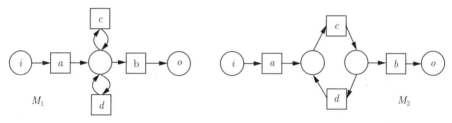

图 3-1　两个短循环模型都可以产生"cdc"和"dcd"的行为轨迹

短循环事件序列问题是指对于相同的事件序列，可采用不同的短循环结构来表示。例如对于事件序列：$\langle\cdots cdc, \cdots dcd \cdots\rangle$，图 3-1 的两个模型都能产生该事件序列。那么哪个模型更适合呢？短循环事件序列问题引出了一个普遍问题，即如何衡量发现的过程模型的质量。探讨该问题的解决方法，显然对提高过程发现算法的挖掘能力有重要意义。在过程挖掘中，通常采用符合性检查技术对发现的过程模型质量进行评价。与之不同，本节在挖掘算法定义前使用符合性检查技术解决短循环事件序列问题。

在 α 系列算法中，$\alpha+$ 算法通过扩展 α 算法来识别短循环结构。对于短循环事件序列问题，$\alpha+$ 算法认为不能同时处理长度为 1 和长度为 2 的短循环。因此它采用了两步法，先把 Loop-1 从日志中暂时去除，算法从只包含 Loop-2 的日志中构造模型后，再重新添加 Loop-1。算法步骤较多，没有从理论上解决日志事件次序关系与模型的符合性问题。

因此本节将采用符合性检查技术来解决短循环活动序列问题，并扩展经典 α

算法，提出的 α' 算法可以同时处理长度为 1 和长度为 2 的短循环结构。随后讨论如何采用符合性检查技术解决短循环事件序列问题，如何检测任务间的依赖关系和短循环结构。

3.2.2　基于符合性检查的算法设计方法

本节先介绍符合性检查技术，然后提出如何解决短循环事件序列问题。Aalst 最早讨论使用符合性技术评估算法挖掘结果质量，但只提出了适合度指标（fitness）。那么就会出现一种情况：模型适合度很好，但是模型控制流结构很复杂或者模型会产生日志没有的行为。

Rozinat 后来提出了行为合适度（behavioral appropriateness）和结构合适度（structural appropriateness）指标，还增加了惩罚因子（penalties）。他认为：首先要确保模型的适合度，即日志是否与过程模型吻合，而结构合适度（模型是否以一种合适的结构展现行为轨迹）和行为合适度（模型是否以足够特定的方式展示特定的行为轨迹）也要测试。现在符合性检查指标已有了新的研究，并应用到服务挖掘和噪声日志挖掘。

本节将使用适合度、行为合适度和结构合适度三个指标来判定短循环事件序列问题，这些指标是适合度指标 f（测量模型是否与日志行为一致），高级行为合适度指标 a'_B（反映模型描述日志行为的精确度）和简洁结构化合适度指标 a_S（测量模型结构的简洁度）。一般情况下，f 应等于 1。其他两个指标尽可能接近 1。

首先根据根据两种短循环结构的特点，给出测试日志，然后采用符合性检查指标评价图 3-1 的两个模型的质量。

如表 3-2 所示，日志 L_1 包含事件序列 $\langle cc \rangle$ 或 $\langle dd \rangle$，L_2 包含序列 $\langle cdc \rangle$ 或 $\langle dcd \rangle$。L_3 包含所有序列。

表 3-2　包含短循环的三个日志例子

日志	事件序列
L_1	$\sigma = \{\langle \cdots cc \cdots \rangle, \langle \cdots dd \cdots \rangle, \langle \cdots ccdd \cdots \rangle\}$
L_2	$\sigma = \{\langle \cdots acd \cdots \rangle, \langle \cdots cdc \cdots \rangle, \langle \cdots cdc \cdots dcd \cdots \rangle\}$
L_3	$L_1 \cup L_2$

在评估图 3-1 中两个模型与三个日志合适程度前，要先确定衡量标准。在基于 WF-net 的过程挖掘算法中，要求正确地发现能描述日志行为的过程模型，这符合奥卡姆剃刀定律（Occam's razor），即切勿浪费较多东西去做用较少东西同样能做好的事情。对于过程发现算法来说，如果存在两个模型都能描述同一日志，那么首先选择能与日志行为尽可能一致的模型，即不会产生太多日志没有的事件序列，其次结构要简洁和易理解。下面对两个模型进行符合性检查。

表 3-3 中是评估结果。可看到，模型 M_2 并不能适合日志 L_1 和 L_3。因为两个日志都包含了行为轨迹 "cc" 和 "dd"。而对于日志 L_2，结构化合适度指标 $a_S(M_1) > a_S(M_2)$，差值很接近。然而，行为合适度指标为 $a_B'(M_1) < a_B'(M_2)$，这说明模型 M_1 比模型 M_2 产生了更多 L_2 没有的事件序列。所以认为对于日志 L_2，采用长度为 2 的短循环模型是最好的。但如果出现日志 L_1 或 L_3，则应采用长度为 1 的短循环模型。这样模型的挖掘质量会更好。

表 3-3　短循环符合性检查评估

评估指标	L_1	L_2	L_3
f	$M_1\surd$, $M_2\times$	$M_1\surd$, $M_2\surd$	$M_1\surd$, $M_2\times$
a_B'	$M_1\surd$, $M_2\times$	$M_1 = 0.67$, $M_2 = 1.0$	$M_1\surd$, $M_2\times$
a_S	$M_1\surd$, $M_2\times$	$M_1 = 0.86$, $M_2 = 0.75$	$M_1\surd$, $M_2\times$

通过解决短循环事件序列问题，说明符合性检查技术作为挖掘质量的判定准则，可以在挖掘结果评估后，反馈信息到新的业务过程模型设计和过程发现算法设计中。Greco 等的论文中也提到与本节类似的方法。该文献从日志中通过渐增聚类方法不断提取工作流模式，直至达到适合度和行为合适度的下限。与通常符合性检查在算法执行后使用不同，该方法在算法的设计中就采用了符合性检查技术。

3.2.3　短循环检测

本节阐述如何通过引入新的事件次序关系来检测短循环结构。

为了从日志中构造模型，应该分析日志中事件间的依赖关系。但 $\alpha+$ 算法中的次序关系定义不支持同时识别长度为 1 和长度为 2 的短循环关系。例如，图 3-1 中的模型 M_1，基本次序关系 $c >_W c$ 并不能推导出因果依赖关系 $c \to_W c$。但确实存在事件 c 与自身的因果依赖关系。另一个例子是根据 $\alpha+$ 算法的次序关系定义，$c >_W c$ 可推导出并行关系 $c \parallel_W c$，这是不正确的。因此，要重新定义次序关系。

定义 3.2.1（基于短循环的次序关系）　设 W 是 T 上的一个工作流日志，即 $W \in \mathcal{P}(T^*)$。对任意 $a, b \in T$：

- $a >_W b$　iff　$\exists \sigma \in W, \sigma = t_1 t_2 \cdots t_n, i \in \{1, \cdots, n-1\} : (t_i = a \land t_{i+1} = b)$;

- $a \propto_W$　iff　$\exists \sigma \in W, \sigma = t_1 t_2 \cdots t_n, i \in \{1, \cdots, n-2\} : (t_{i-1} = b \land t_i = t_{i+1} = a \land t_{i+2} = c)$，并且　$\exists \sigma' \in W, b, c \in \sigma' : (b >_W c)$;

- $a \Delta_W b$　iff　$\exists \sigma \in W, \sigma = t_1 t_2 \cdots t_n, i \in \{1, \cdots, n-2\} : (t_i = t_{i+2} = a \land t_{i+1} = b) \land \neg(a \propto_W \lor b \propto_W)$;

- $a \to_W b$　iff　$a >_W b \land (b \not>_W a \lor a \Delta_W b \lor b \Delta_W a \lor (a \propto_W \lor b \propto_W))$;

- $a \#_W b$　iff　$a \not>_W b \land b \not>_W a$;

- $a \parallel_W b$　iff　$a >_W b \land b >_W a \land (\neg(a \Delta_W b \lor b \Delta_W a) \lor \neg(a \propto_W \lor b \propto_W))$.

$\propto_W$ 关系表示长度为 1 的短循环结构（Loop-1），定义中不仅要求日志中出现 $\langle aa \rangle$ 的事件序列，而且还要求变迁 a 只连接到一个库所。例如在图 3-1 的 M_1 中，c 是一个 Loop-1 变迁，那么要求日志中出现 $\{\langle cc \rangle, \langle ab \rangle\}$ 的事件序列。这是 Loop-1 结构的特性，也用于 Loop-1 结构区别两个同名变迁直接相连的情形。Δ_W 关系表示长度为 2 的短循环结构（Loop-2），定义也表明一个事件不能同时属于两种短循环结构，这是不合理的 SWF-net。另外，当一个事件 a 为长度为 1 的短循环结构时，应有 $a \to_W a$，不存在 $a \parallel_W a$。因为所有的次序关系都可以由 $>_W$, Δ_W and $\propto_W$ 推导出来，因此日志完备性应建立在这三个关系上。

定义 3.2.2（短循环日志完备性）　设 $N = (P, T, F)$ 是一个合理的工作流网，即 $N \in (W)$。W 是 N 的一个短循环完备日志当且仅当：

（1）对 N 上任意的日志 $W' :>_W' \subseteq >_W \land \Delta_W' \subseteq \Delta_W \land \propto_W' \subseteq \propto_W$;

（2）对任意事件 $t \in T$ 存在一个行为轨迹 $\sigma \in W$ 使得 $t \in \sigma$。

定理 3.2.1　一个短循环完备日志包含有限的事件序列是可能的。

证明：　短循环完备日志是对 $>_W, \Delta_W, \propto_W$ 三种依赖关系完备，因此需要分别对三种关系进行证明。下面证明 $\propto_W$ 关系，即 Loop-1 结构的情形。

考虑 SWF-net 的可达图。根据合理性定义，网中可达标识的数量是有限的，因此可达图的状态也是有限的。因此必然从初始标识 $[i]$ 到每个可达标识有可达路径，同时从每个可达标识到结束标识 $[o]$ 也有可达路径。可达图中每条弧可映射为相应变迁的发生。假设 t 为 Loop-1 结构变迁，那么 t 的发生将产生两条弧 (s_{j-1}, s_j) 和 (s_j, s_{j+1})。显然在 $[i]$ 到 $[o]$ 间必然存在一条可达路径包含 (s_{j-1}, s_j) 和 (s_j, s_{j+1})。SWF-net 的活性性质说明从标识 $[i]$ 到标识 s_{j-1} 必然有一条最短路径，从标识 s_{j+1} 到标识 $[o]$ 也存在一条最短路径。因此对于事件序列 tt，在标识 $[i]$ 到 $[o]$ 间存在有限的可达路径可检测出 tt 的序列特征。所以对于短循环完备日志，存在有限的可达路径可检测出 $>_W, \Delta_W, \propto_W$ 三种依赖关系。 □

下面给出长度为 1 的短循环的重要特性。

定理 3.2.2 设 $N = (P, T, F)$ 是一个合理的 SWF-net。对任意的 $a \in T$，若 $a\bullet \cap \bullet a \neq \phi$ 则 $a \notin i\bullet$，$a \notin \bullet o$，$a\bullet = \bullet a$ 和 $|\bullet a| = |a\bullet| = 1$。

证明： 根据定理 3.2.2，一个 Loop-1 变迁只与一个库所相连接。同一个变迁同时属于两类短循环是违反 SWF-net 定义的。因此可得到下面的定理。 □

定理 3.2.3 设 $N = (P, T, F)$ 是一个合理的 SWF-net。W 是 N 的一个短循环完备日志。对任意 $a, b \in T$:

（1）若 $a\bullet \cap \bullet a \neq \phi$ 且 $b\bullet \cap \bullet b \neq \phi$，那么 $a\bullet \cap \bullet b = \phi$ 且 $b\bullet \cap \bullet a = \phi$；

（2）若 $a\bullet \cap \bullet b \neq \phi$ 且 $b\bullet \cap \bullet a \neq \phi$，那么 $a\bullet \cap \bullet a = \phi$ 且 $b\bullet \cap \bullet b = \phi$。

证明： 设 $a, b \in T$。采用反证法。

（1）假设 $a\bullet \cap \bullet b \neq \phi$ 且 $b\bullet \cap \bullet a \neq \phi$。那么存在库所 $p_1 \in a\bullet \cap \bullet b$。因为还存在库所 $p_2 \in a\bullet \cap \bullet a$，因此可知 $|a\bullet| > 1$。这与定理 3.2.2 矛盾。同理，因 $b\bullet \cap \bullet b \neq \phi$，也存在矛盾。

（2）假设 $a\bullet \cap \bullet a \neq \phi$。那么存在库所 $p_1 \in a\bullet \cap \bullet a$。因为存在库所 $p_2 \in a\bullet \cap \bullet b$，即 $|a\bullet| > 1$，这与定理 3.2.2 矛盾。同理，因 $b\bullet \cap \bullet b \neq \phi$，也存在矛盾。

得证。 □

根据上述定理，可得到下面 Loop-1 的重要性质。该性质描述了当 a 为一个 Loop-1 变迁时，其他变迁与 a 的依赖关系，即 a, b, c 连接到同一公共库所。

性质 3.2.1 设 $N = (P, T, F)$ 是一个合理的 SWF-net。W 是 N 的一个短循环完备日志。对任意 $a \in T$，若 $a\bullet \cap \bullet a \neq \phi$，则存在 $b, c \in T$，使得 $a \neq b$，$b \neq c$，$a \neq c$，$b \rightarrow_W a$，$a \rightarrow_W c$，$b \rightarrow_W c$ 且 $\bullet c = \bullet a$。

3.2.4　短循环发现算法 α'

本节阐述算法如何从包含短循环的日志中构造过程模型。首先，根据次序关系定义和 WF-net 的特性，建立推导变迁间库所的定理规则；然后根据这些定理提出短循环发现算法的形式化定义，并理论证明算法发现短循环结构的有效性。

从日志的事件序列中，很容易得到事件间的 $>_W$ 关系。但是这不能说明对应事件的变迁间一定存在连接库所。下面的定理首先从 $>_W$ 关系推导出 $\to_W$ 因果依赖关系。

定理 3.2.4　设 $N = (P, T, F)$ 是一个合理的 SWF-net。W 是 N 的一个短循环完备工作流日志。对任意 $a, b \in T : a \bullet \cap \bullet b \neq \phi$ 当且仅当 $a \to_W b$。

证明：从两个方向证明该定理，考虑 3 种情形，即日志不包括循环结构、包括长度为 1 的短循环或长度为 2 的短循环。

（1）因为 $a \bullet \cap \bullet b \neq \phi$，即存在一个库所 $p_1 \in a \bullet \cap \bullet b$。根据 SWF-net 的定义，$b$ 在 a 发生后就绪，因此有 $a >_W b$ 次序关系。

（a）若 N 是一个无环的合理 SWF-net。

（b）现在考虑存在长度为 2 的短循环。假设 $b \bullet \cap \bullet a \neq \phi$。则存在库所 $p_2 \in b \bullet \cap \bullet a$。根据 SWF-net 的定义，显然若 $|p_2 \bullet| = 1$ 且 $|\bullet a| > 1$，则变迁 a 是死变迁，即 $|\bullet a| = p_2, |a \bullet| = p_1$。因此若存在"$aba$"的行为轨迹，根据定义 3.2.1，可知 $a \Delta_W b$。同时根据文献 [17] 的定义 4.3，也有 $b \Delta_W a$。那么因为有 $a >_W b$ 和 $(a \Delta_W b \vee b \Delta_W a)$，可推导出 $a \to_W b$。

（c）考虑长度为 1 的短循环。根据性质 3.2.1，若 $a \bullet \cap \bullet a \neq \phi$，那么在一个合理的 SWF-net 中，只存在一个库所连接变迁 a。这个库所是 $p_1 \in a \bullet \cap \bullet b$。因此存在 $a, b \in T : a \to_W b, a \neq b$ 和 $\bullet b = \bullet a$。同理，可证 $b \bullet \cap \bullet b \neq \phi$ 的情况。

若 $a = b$，那么有 $a \bullet \cap \bullet a \neq \phi$。将存在一个事件序列 $\langle \cdots aa \cdots \rangle$。通过定义 3.2.1 可知 $a \propto_W$。因此，可推导出 $a \to_W a$。

（2）假设 $a \to_W b$。根据 $\to_W$ 次序关系定义，可知有 $a >_W b$。下面分 3 种情况证明：

（a）若 N 是一个无环的合理 SWF-net。

（b）若 $(a \Delta_W b \vee b \Delta_W a)$，即 $a \bullet \cap \bullet b \neq \phi$ 或 $b \bullet \cap \bullet a \neq \phi$。根据定理 3.2.3，不存在 $a \propto_W$ 或 $b \propto_W$。

（c）考虑 $a \propto_W$ 的情形。可知存在一个行为轨迹 $\langle \cdots aab \cdots \rangle$。因此，一旦 a

发生，不可能存在一个非 a 的变迁就绪。因此，一定存在一个库所在 a 发生后又使 a 就绪，即 $a \bullet \cap \bullet a \neq \phi$。令 $p \in a \bullet \cap \bullet a$。根据性质 3.2.1，$p$ 是唯一连接变迁 a 的库所。因为 $a \rightarrow_W b$ 和 $a \propto_W$，不可能存在 $a \parallel b$。因此在 a 完成前 b 不可能就绪。所以，p 是 b 的一个输入库所，即有 $a \bullet \cap \bullet b \neq \phi$，其他情形证明类似。□

定理 3.2.5 设 $N = (P, T, F)$ 是一个合理的 SWF-net。W 是 N 的一个短循环完备工作流日志。存在 $a \bullet \cap \bullet a = \phi$ 或者 $b \bullet \cap \bullet b = \phi$。

(1) 若 $a, b \in T$，$a \bullet \cap b \bullet \neq \phi$，那么 $a \#_W b$。

(2) 若 $a, b \in T$，$\bullet a \cap \bullet b \neq \phi$，那么 $a \#_W b$。

(3) 若 $a, b, t \in T$，$a \rightarrow_W t$，$b \rightarrow_W t$ 和 $a \#_W b$，那么 $a \bullet \cap b \bullet \cap \bullet t \neq \phi$。

(4) 若 $a, b, t \in T$，$t \rightarrow_W a$，$t \rightarrow_W b$ 和 $a \#_W b$，那么 $\bullet a \cap \bullet b \cap t \bullet \neq \phi$。

证明： 因为根据定理 3.2.3，一个变迁不能同时属于两类短循环结构，因此可考虑只有 Loop-1 或 Loop-2 的情形。详细证明过程见文献 [18] 的定理 3.6 和文献 [16] 的定理 4.8。 □

定理 3.2.6 设 $N = (P, T, F)$ 是一个合理的 SWF-net。W 是 N 的一个短循环完备工作流日志。

(1) 若 $a, b, t \in T$，$a \rightarrow_W t$，$b \rightarrow_W t$ 和 $a \rightarrow_W b$，那么 $a \bullet \cap b \bullet \cap \bullet b \cap \bullet t \neq \phi$。

(2) 若 $a, b, t \in T$，$t \rightarrow_W a$，$t \rightarrow_W b$ 和 $a \rightarrow_W b$，那么 $\bullet b \cap \bullet a \cap a \bullet \cap t \bullet \neq \phi$。

证明： 下面分别证明定理的两个内容。

(1)

(a) 当 $p_{at} \in a \bullet \cap \bullet t$，$p_{bt} \in b \bullet \cap \bullet t$ 和 $p_{ab} \in a \bullet \cap \bullet b$ 时，采用反证法。假设 $a \bullet \cap b \bullet \cap \bullet b \cap \bullet t = \phi$，即 $p_{ab} \neq p_{at} \neq p_{bt}$。因为 a 和 b 完成后 t 就绪，存在一个行为轨迹 $\sigma = \cdots abt \cdots$。这与 $a \rightarrow_W t$ 矛盾。因此有 $p_{ab} = p_{at}$ 或者 $p_{ab} = p_{bt}$。但两种情形都违反了 SWF-net 的定义。

- 若 $p_{ab} = p_{at}$，有 $|p_{at} \bullet| > 1$ 和 $|\bullet t| > 1$。但在一个合理的 SWF-net，若 $|p_{at} \bullet| > 1$ 则有 $|\bullet b| = |\bullet t| = 1$。

- 若 $p_{ab} = p_{bt}$，则有 $|\bullet t| > 1$ 和 $|\bullet p_{bt}| > 1$。同理，若 $|\bullet t| > 1$ 有 $|\bullet p_{at}| = |\bullet p_{bt}| = 1$。

上述两种情况都会产生不合理的工作流网。因此，当 $p_{ab} = p_{at} = p_{bt}$ 时，可知存在矛盾。令 p 表示这个相等的库所，因为 $a \neq b$，$b \neq t$，$a \neq t$ 和 $\neg(a \propto_W \vee t \propto_W)$，根据性质 3.2.1 有 $b \bullet \cap \bullet b \neq \phi$，即 $b \propto_W$，这与假设 $a \bullet \cap b \bullet \cap \bullet b \cap \bullet t = \phi$ 矛盾。

（b）假设 $a \bullet \cap b \bullet \cap \bullet b \cap \bullet t \neq \phi$。根据定理 3.2.4 和 $a \bullet \cap \bullet t \neq \phi$，可推导出 $a \rightarrow_W t$。类似地，有 $b \rightarrow_W t$ 和 $a \rightarrow_W b$。注意根据定理 3.2.5 中的 1，如果 $b \bullet \cap \bullet b \neq \phi$，$a \bullet \cap b \bullet \neq \phi$ 并不能推导出 $a\#_W b$。

（2）

（a）当 $p_{ta} \in t \bullet \cap \bullet a$，$p_{tb} \in t \bullet \cap \bullet b$ 和 $p_{ab} \in a \bullet \cap \bullet b$ 时，采用反证法。假设 $\bullet b \cap \bullet a \cap a \bullet \cap t \bullet = \phi$，即 $p_{ab} \neq p_{ta} \neq p_{tb}$。因为 t 和 a 完成后，b 才就绪，因此存在一个行为轨迹 $\langle \cdots tab \cdots \rangle$，这与 $t \rightarrow_W b$ 矛盾。于是有 $p_{ab} = p_{ta}$ 或者 $p_{ab} = p_{tb}$。这两种情形违反了 SWF-net 的定义。

- 若 $p_{ab} = p_{ta}$，那么有 $|\bullet b| > 1$ and $|\bullet p_{ta}| > 1$。但 $|\bullet b| > 1$ 显示在一个 SWF-net 中，有 $|\bullet p_{tb}| = |\bullet p_{ta}| = 1$，显然构造的模型不合理。
- 若 $p_{ab} = p_{tb}$，当 t 完成后，存在一个标识 s。p_{ta} 和 p_{tb} 分别从 s 得到一个托肯。一方面，如果在 a 就绪前 b 已完成，那么将消耗 p_{tb} 中的一个托肯。可是，当 a 就绪后，p_{tb} 又得到一个托肯，结果 b 再次就绪。另一方面，如果 a 先就绪，那么 p_{tb} 中将存在两个托肯，那么构造的模型是不合理的。

因此有 $p_{ab} = p_{ta} = p_{tb}$。可知这与假设 $\bullet b \cap \bullet a \cap a \bullet \cap t \bullet = \phi$ 存在矛盾。

（b）参照（1）（b）的证明。　　　　　　　　　　　　　　　□

下面的定理描述了两个变迁不能同时存在 $\#_W$ 和 $\rightarrow_W$ 关系。

定理 3.2.7　设 $N = (P, T, F)$ 是一个合理的 SWF-net。W 是 N 的一个短循环完备工作流日志。对任意 $a, b, t \in T$：

（1）$a \rightarrow_W t$，$b \rightarrow_W t$，$a\#_W b$ 和 $a \rightarrow_W b$。

（2）$t \rightarrow_W a$，$t \rightarrow_W b$ and $a\#_W b$ 和 $a \rightarrow_W b$。

那么 N 不是一个合理的 SWF-net。

证明：　分别证明。

（1）若 $a \rightarrow_W t$，$b \rightarrow_W t$ 和 $a \rightarrow_W b$，根据定理 3.2.6，可知 $a \bullet \cap b \bullet \cap \bullet b \cap \bullet t \neq \phi$。如果 $a\#_W b$，那么有 $|\bullet b| > 1$ 和 $|\bullet p| > 1$。但根据 SWF-net 的定义，若 $|\bullet b| > 1$ 则 $|\bullet p| = 1$。因此存在矛盾。

若 $a \rightarrow_W t$，$b \rightarrow_W t$，$a\#_W b$，那么 $a \bullet \cap b \bullet \cap \bullet t \neq \phi$。若 $a \rightarrow_W b$ 则证明与上类似。

（2）若 $t \rightarrow_W a$，$t \rightarrow_W b$ 和 $a \rightarrow_W b$，可知 $\bullet b \cap \bullet a \cap a \bullet \cap t \bullet \neq \phi$。于是有 $a \bullet \cap \bullet a \neq \phi$。若 $a\#_W b$，那么 $|\bullet a| > 1$，这与定理 3.2.2 矛盾。其他证明类似。

因此 N 是不合理的 SWF-net。 □

定理 3.2.8 设 $N = (P, T, F)$ 是一个合理的 SWF-net。W 是 N 的一个短循环完备工作流日志。

（1）若 $a, b, c, t \in T$, $a \rightarrow_W t$, $b \rightarrow_W t$, $c \rightarrow_W t$, $a \#_W b$, $a \rightarrow_W c$ 和 $b \rightarrow_W c$，那么 $a \bullet \cap b \bullet \cap c \bullet \cap \bullet c \cap \bullet t \neq \phi$。

（2）若 $a, b, c, t \in T$, $t \rightarrow_W a$, $t \rightarrow_W b$, $t \rightarrow_W c$, $a \#_W b$, $c \rightarrow_W a$ 和 $c \rightarrow_W b$，那么 $\bullet a \cap \bullet b \cap \bullet c \cap c \bullet \cap t \bullet \neq \phi$。

证明：（1）

（a）若 $p_{at} \in a \bullet \cap \bullet t$, $p_{bt} \in b \bullet \cap \bullet t$, $p_{ct} \in c \bullet \cap \bullet t$, $p_{ac} \in a \bullet \cap \bullet c$, $p_{bc} \in b \bullet \cap \bullet c$，采用反证法。假设 $a \bullet \cap b \bullet \cap c \bullet \cap \bullet c \cap \bullet t = \phi$，即 $p_{at} \neq p_{bt} \neq p_{ct} \neq p_{ac} \neq p_{bc}$，那么 t 只有在 a, b 和 c 完成后才能就绪。c 在 a 和 b 完成后就绪。那么存在一个行为轨迹 $\sigma = \cdots abct \cdots$ 或 $\sigma = \cdots bact \cdots$，而不是 "$at$" 和 "$bt$"。这与假设 $a \rightarrow_W t$ 和 $b \rightarrow_W t$ 矛盾。

根据定理 3.2.5（3）和 $a \#_W b$，可知 $p_{at} = p_{bt}$。因此根据定理 3.2.6（1），$a \rightarrow_W c$ 和 $b \rightarrow_W c$ 可推导出 $p_{ac} = p_{ct} = p_{at}$ 和 $p_{bc} = p_{bt} = p_{ct}$。实际上这些库所都是同一个。可知有 $a \bullet \cap b \bullet \cap c \bullet \cap \bullet c \cap \bullet t \neq \phi$。

（b）假设 $a \bullet \cap b \bullet \cap c \bullet \cap \bullet c \cap \bullet t \neq \phi$，根据定理 3.2.6（1）和 $a \bullet \cap c \bullet \cap \bullet c \cap \bullet t \neq \phi$，可推导出 $a \rightarrow_W t$, $c \rightarrow_W t$ 和 $a \rightarrow_W c$。类似地，有 $b \rightarrow_W t$, $c \rightarrow_W t$ 和 $b \rightarrow_W c$。因此，根据定理 3.2.5（1）有 $a \#_W b$。注意，因为 $c \bullet \cap \bullet c \neq \phi$，不可能有 $a \#_W c$, $b \#_W c$ 和 $c \#_W t$。

（2）

（a）当 $p_{ta} \in t \bullet \cap \bullet a$, $p_{tb} \in t \bullet \cap \bullet b$, $p_{tc} \in t \bullet \cap \bullet c$, $p_{ca} \in c \bullet \cap \bullet a$, $p_{cb} \in c \bullet \cap \bullet b$ 时，采用反证法。假设 $\bullet a \cap \bullet b \cap \bullet c \cap c \bullet \cap t \bullet = \phi$，即 $p_{ta} \neq p_{tb} \neq p_{tc} \neq p_{ca} \neq p_{cb}$。因此，在 a, t 和 c 完成后 b 就绪。a 在 t 和 c 完成后就绪。于是存在行为轨迹 $\sigma' = \cdots tcab \cdots$，但没有 "$ta$" 和 "$tb$"。这与假设 $t \rightarrow_W a$ 和 $t \rightarrow_W b$ 矛盾。

根据定理 3.2.6（2）和 $c \rightarrow_W a$, $c \rightarrow_W b$，可推导出 $p_{ca} = p_{tc} = p_{ta}$, $p_{cb} = p_{tb} = p_{tc}$ 和 $\bullet c \cap c \bullet \neq \phi$。根据定理 3.2.5（2）和 $a \#_W b$，可知 $p_{ta} = p_{tb}$。实际上这些库所是同一个。可推导出 $\bullet a \cap \bullet b \cap \bullet c \cap c \bullet \cap t \bullet \neq \phi$。

（b）这与（1）（b）证明类似。 □

根据前面定义的次序关系和推导定理，下面给出算法 α' 的形式化定义。

定义 3.2.3（短循环发现算法 α'） 设 W 是 T 上的短循环完备日志。基于次序关系定义 3.2.1，挖掘短循环的过程发现算法 α' 定义如下：

（1）$T_W = \{t \in T \mid \exists_{\sigma \in W} t \in \sigma\}$

（2）$T_I = \{t \in T \mid \exists_{\sigma \in W} t = \mathrm{first}(\sigma)\}$

（3）$T_O = \{t \in T \mid \exists_{\sigma \in W} t = \mathrm{last}(\sigma)\}$

（4）$X_W = \{(A,B) \mid A \subseteq T_W \wedge B \subseteq T_W \wedge \forall_{a \in A} \forall_{b \in B} a \rightarrow_W b \wedge \forall_{a_1,a_2,a_3 \in A}(a_1 \#_W a_2 \vee a_1 \rightarrow_W a_3 \vee a_2 \rightarrow_W a_3) \wedge \forall_{b_1,b_2,b_3 \in B}(b_1 \#_W b_2 \vee b_3 \rightarrow_W b_1 \vee b_3 \rightarrow_W b_2)\}$

（5）$Y_W = \{(A,B) \in X_W \mid \forall_{(A',B') \in X_W} A \subseteq A' \wedge B \subseteq B' \Rightarrow (A,B) = (A',B')\}$

（6）$P_W = \{p(A,B) \mid (A,B) \in Y_W\} \cup \{i_W, o_W\}$

（7）$F_W = \{(a, p(A,B)) \mid (A,B) \in Y_W \wedge a \in A\} \cup \{(p(A,B), b) \mid (A,B) \in Y_W \wedge b \in B\} \cup \{(i_W, t) \mid t \in T_I\} \cup \{(t, o_W) \mid t \in T_O\}$

（8）$\alpha'(W) = (P_W, T_W, F_W)$

算法除了第四步外，其他工作步骤与 α 算法类似。在第四步，α' 算法识别哪些变迁具有因果依赖关系。对集合 X_W 中的 (A,B)，集合 A 中每一个变迁都与集合 B 的所有变迁有因果依赖关系。在集合 A 或 B 中的变迁必须满足下列条件之一：

（1）在两个变迁间存在 $\#_W$ 关系；

（2）存在 $\rightarrow_W$ 关系；

（3）不能同时具有 $\#_W$ 和 $\rightarrow_W$ 关系。

这为识别短循环结构创造了条件。前面已对这三个条件进行了证明。因此根据这些定理，可证明算法 α' 能从短循环完备日志中构造合理的 SWF-net。

定理 3.2.9 设 $N = (P, T, F)$ 是一个合理的 SWF-net。W 是 N 的一个短循环完备工作流日志。基于定义 3.2.1 中的次序关系，若工作流内的库所更名后，仍然有 $\alpha'(W) = N$。

证明： 设 $\alpha'(W) = N_W = (P_W, T_W, F_W)$。因为只有第 4 步与 α 算法不一样，因此下面主要证明两个 Petri net N 与 N_W 的库所是对应的。其他步骤的证明见文献 [16] 的定理 4.10。

（1）设库所 $p \in P$。需要证明存在一个库所 $p_W \in P_W$ 以至于有 ${}^N\bullet p = {}^{N_W}\bullet p_W$ 和 $p{}^N\bullet = p_W{}^{N_W}\bullet$。若 $p \notin \{i, o\}$，那么令 $A = {}^N\bullet p$，$B = p{}^N\bullet$，和 $p_W = p(A,B)$。为证明 $p_W = p(A,B)$ 是 N_W 的库所，需要证明 $(A,B) \in Y_W$。

（a）$(A,B) \in X_W$，因为：

- 定理 3.2.4 表明 $\forall_{a \in A} \forall_{b \in B} a \rightarrow_W b$；
- 定理 3.2.5（1）表明 $\forall_{a_1,a_2 \in A}(a_1 \#_W a_2)$，且定理 3.2.5（2）表明 $\forall_{b_1,b_2 \in B}(b_1 \#_W b_2)$；
- 定理 3.2.6（1）表明 $\forall_{a_1,a_2 \in A}(a_1 \rightarrow_W a_2)$，且定理 3.2.6（2）表明 $\forall_{b_1,b_2 \in A}(b_1 \rightarrow_W b_2)$；
- 定理 3.2.8（1）表明 $\forall_{a_1,a_2,a_3 \in A}(a_1 \#_W a_2 \vee a_1 \rightarrow_W a_3 \vee a_2 \rightarrow_W a_3)$，且定理 3.2.8（2）表明 $\forall_{b_1,b_2,b_3 \in B}(b_1 \#_W b_2 \vee b_3 \rightarrow_W b_1 \vee b_3 \rightarrow_W b_2)$。

（b）需要证明不可能存在 $(A', B') \in X_W$ 以至于有 $A \subseteq A', B \subseteq B'$ 和 $(A,B) \neq (A',B')$（即 $A \subset A', B \subset B'$）。假设 $A \subset A'$，那么有一个变迁 $a' \in T \backslash A$。下面分 3 种情形证明：

- 若 $\forall_{b \in B} a' \rightarrow_W b$ 和 $\forall_{a \in A} a' \#_W a$。
- 若 $\forall_{b \in B} a' \rightarrow_W b$ 和 $\forall_{b \in B}(a' \rightarrow_W a \vee a \rightarrow_W a')$。当存在 $b \in B$，定理 3.2.6（1）显示有 $a' \overset{N}{\bullet} \cap a \overset{N}{\bullet} \cap \overset{N}{\bullet} b \neq \phi$。设 $p' \in a' \overset{N}{\bullet} \cap a \overset{N}{\bullet} \cap \overset{N}{\bullet} b$。文献 [16] 的性质 4.4 显示有 $p' = p$。然而，$a' \notin A = \overset{N}{\bullet} p$ 和 $a' \in \overset{N}{\bullet} p'$，那么发现矛盾（$p' = p$ 和 $p' \neq p$）。
- 若 $\forall_{b \in B} a' \rightarrow_W b$ 和 $\forall_{a_1,a_2 \in A}(a' \#_W a_1 \vee a' \rightarrow_W a_2 \vee a_1 \rightarrow_W a_2)$。若存在 $b \in B$，定理 3.2.8（1）显示有 $p \in a' \overset{N}{\bullet} \cap a_1 \overset{N}{\bullet} \cap a_2 \overset{N}{\bullet} \cap \overset{N}{\bullet} b$。同理，存在矛盾。

同理，其他情形可根据文献 [16] 的定理 3.2.6（2）和性质 4.4，因此 $(A,B) \in Y_W$ 和 $p_W \in P_W$。

（2）若 $p_W \in P_W$。需要证明存在一个库所 $p \in P$ 以至于有 $\overset{N}{\bullet} p = \overset{N_W}{\bullet} p_W$ 和 $p \overset{N}{\bullet} = p_W \overset{N_W}{\bullet}$。若 $p_W \notin \{i_W, o_W\}$，那么令 $(A,B) \in Y_W$，$\overset{\alpha'(N)}{\bullet} p_w = A$，$p_w \overset{\alpha'(N)}{\bullet} = B$ 和 $p_W = p(A,B)$。

下面证明存在一个库所 $p \in P$ 以至于有 $\overset{N}{\bullet} p = A$ 和 $p \overset{N}{\bullet} = B$。因为 $(A,B) \in Y_W$ 显示了 $(A,B) \in X_W$，那么对 $a \in A$ 和 $b \in B$ 存在一个库所连接 a 和 b（使用 $a \rightarrow_W b$ 和定理 3.2.4）。根据定理 3.2.5、定理 3.2.7、定理 3.2.6 和定理 3.2.8，可证明仅有这一个库所，设其为 p。可知有 $\overset{N}{\bullet} p \subseteq A$ 和 $p \overset{N}{\bullet} \subseteq B$。假设 $a' \in \overset{N}{\bullet} p \backslash A$（即 $\overset{N}{\bullet} p \neq A$）。以下分 4 种情形证明：

（a）根据定理 3.2.4，可知 $a' \rightarrow_W b$。

（b）根据定理 3.2.5（1），可知 $a \#_W a'$。

（c）根据定理 3.2.6（1），可知 $a \rightarrow_W a'$。

（d）根据定理 3.2.8（1），可知 $\forall_{a_1,a_2 \in A}(a'\#_W a_1 \vee a' \rightarrow_W a_2 \vee a_1 \rightarrow_W a_2)$。

以上证明对任意 $a \in A$ 和 $b \in B$ 有效。因此有 $(A \cup \{a'\}, B) \in X_W$。然而，因为 $(A, B) \in Y_W$，所以这是不可能的。因此存在一个矛盾。其他情况也可找到类似矛盾。最终可得到 $\overset{N}{\bullet}p = A$ 和 $p\overset{N}{\bullet} = B$。　　　　　　　　　　□

3.2.5　实验和评估

本节提出的 α' 算法已采用 Java 语言实现，并集成至开源过程挖掘平台 ProM 中。实验采用文献 [17] 和过程挖掘网站（http://www.promtools.org）的人工例子 20 个验证。图 3-2 是使用 ProM6 的 α' 算法对例子 pn_ex_10 的挖掘结果。

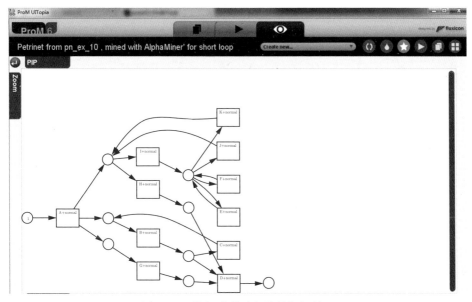

图 3-2　采用 α' 算法插件挖掘短循环

下面给出两个实验例子，分析 α' 算法的工作过程。

图 3-3 描述了两个长度为 1 的短循环，当使用 α' 算法时，重要的结果 $Y_W = \{((a,b,c),(b,c,d))\}$ 通过定理 3.2.6 被推导出来，于是合理的 SWF-net 可以被发现。

图 3-4 描述另一个存在两种类型短循环的例子。

可知有库所 $p_1 = p((a,b,d),(b,c))$。在提取阶段，$b \propto_W$ 和 $c\Delta_W d$ 根据定义 3.2.1被提取出来。在算法第 4 步，$(A, B) \in X_W$ 通过次序关系定义推导出。应用

定理 3.2.8 （1），因为 $a\#_W d$, $a \to_W b$ 和 $d \to_W b$ 可知 $a, b, d \in A$，而根据定理 3.2.6 （2），可知 $b, c \in B$。

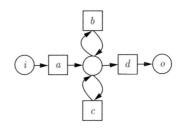

图 3-3　采用定理 3.2.6 识别短循环

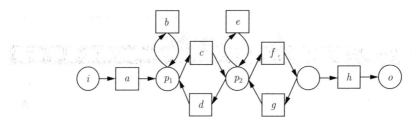

图 3-4　根据定理 3.2.8 识别两类短循环同时存在的情形

因此库所 $p((a, b, d), (b, c))$ 被构建。对库所 p_2，因果依赖关系 $((c, e, g), (d, e, f))$ 被推导出。因为有 $c\#_W g$, $c \to_W e$ 和 $g \to_W e$，根据定理 3.2.8 （1），可知 $c, e, g \in A$。因为 $d\#_W f$, $e \to_W d$ 和 $e \to_W f$，采用定理 3.2.8 （2），有 $d, e, f \in B$。最后，工作流网成功构建。实验表明，算法可成功处理两种短循环同时具备的情形。

本节探讨了一种采用符合性检查技术辅助算法设计的方法，通过符合性检查测试解决了短循环事件序列问题。通过重定义事件次序关系和依赖关系判定规则，从理论和实验证明了提出的算法可发现短循环结构。从本节的研究表明了模型与日志的符合性问题需要更多的探索，衡量模型质量不仅要考虑算法的挖掘目标、日志完备性、噪声，以及日志的动态变化，最重要的是算法的设计应能满足业务管理应用需求。所以可参数配置的过程发现算法需要更多的研究。

3.3　挖掘重复任务的过程挖掘算法

重复任务是指在过程模型中具有相同名称的不同变迁。现有过程发现算法只能从包含简单控制流结构的日志中处理重复任务问题。本节提出一种基于等价类的重复任务过程发现算法，首先对重复任务问题进行了形式化定义，探讨了检测重复任务的方法，提出的算法通过理论和实验证明了有效性。

3.3.1　重复任务问题

当前，基于分布式计算、物联网和服务计算等环境的各类信息系统，都存在大量记录业务执行过程的日志数据。过程挖掘技术通过分析这些日志，发现有价值的知识，帮助改进原有业务流程。其中过程发现技术，即如何从日志发现业务过程模型，近年来受到许多研究者的关注。Petri net 理论因其良好的建模、分析和验证能力，相比 EPC，YAWL，Markov Chains 等方法，在过程发现算法研究中广泛应用。

表 3-4 是一个电子商务的业务过程日志。日志包含了 5 个活动的 6 个执行案例。事件序列代表活动执行次序。可观察到：

（1）业务过程活动包括打开网站（A），选择商品（B），添加商品至购物车（C），登录失败（D）和用户登录（X）；

（2）用户在选择商品（B）前，可自由选择是否登录（X）；

（3）添加商品至购物车（C）前强制登录（X），如果需要重新登录（X）。

表 3-4　一个电子商务业务过程日志

（a）活动执行日志		（b）活动定义	
案　　例	事 件 序 列	活　　　动	定　　　义
1	$ABXC$	A	打开网站
2	$AXBXC$	B	选择商品
3	$ABXDXC$	C	添加商品至购物车
4	$AXBXDXC$		
5	$AXXBXDXC$	D	登录失败
6	$AXXXBXDXDXC$	X	用户登录

基于这些信息，过程发现算法可以构造一个模型。如图 3-5 所示，该模型采用 WF-net 来表示。模型包含了顺序和循环结构，其中第一个任务 X 是长度为 1 的短循环结构（Loop-1），第二个任务 X 与任务 D 构成长度为 2 的短循环结构（Loop-2）。

通常业务模型还包括并行、不相关、非自由选择、隐含任务和重复任务等过程结构。从日志中准确发现各种过程结构是过程发现算法要解决的主要问题。针对这一问题，现有基于 Petri net 的方法主要分为启发式、基于搜索、基于区域理论和基于抽取等方法。启发式方法使用了任务间的依赖关系频度来指导模型的建立，可识别大部分常见结构，但依赖关系的建立是基于任务的局部信息，不能处理某些非自由选择结果和重复任务。基于基因和聚类思想的全局搜索方法，可处理全部常见结构，但计算时间至少是指数的，挖掘结果的正确性难以证明。基于区域理论的方法则通过 Petri net 的区域理论找到最小区域对应库所，连接最小区域的任务对应变迁，可识别绝大部分常见结构，但计算量较大。

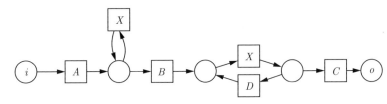

图 3-5   从表 3-4 日志发现的 WF-net 过程模型

此外，基于提取的方法常用而有效，α 算法是其典型代表。该类算法通过拓展任务次序依赖关系来识别常见过程结构，可发现合理的结构化 WF-net（SWF-net）。α 算法一般分为提取、推导和构建阶段。首先从日志 W 中提取任务间的 $>_w$ 次序关系，然后推导出 $\rightarrow_w$、$\|_w$ 和 $\#_w$ 等派生次序关系，最后根据任务次序依赖关系定理构造 SWF-net 过程模型。α 系列算法过程简单，计算时间少，算法的正确性可理论证明，具有坚实的理论基础。现有算法虽然能解决短循环、非自由选择结构、隐含任务和重复任务等问题，但在解决多种结构混合的过程发现问题还不理想。

本节基于 α 算法，研究面向多种控制流结构混合的重复任务发现问题。重复任务是指具有相同名称的不同任务，允许重复任务的过程模型更简洁高效。α 算法因任务集合不允许重复元素，重复任务会被认为是同一个任务，从而挖掘出不正确的结果。现有研究多采用预处理、处理中和处理后的方法，在预处理阶段识别重复任务，然后对日志中的重复任务更名，处理中阶段采用 α 算法生成 WF-net 模型，处理后阶段再恢复重复任务原名称。李嘉菲提出 α^* 算法，采用机器学习技术，通过比较给定任务的直接前驱和后继任务表 (P/S 表)，识别重复任务，算法可在包含顺序、并行、选择结构的日志中发现重复任务，但不能处理包含短循环结构的日志。算法没有证明生成模型是结构化 WF-net，因此结果可能不合理。

陈信敏扩展 α^* 算法处理包含重复任务和非自由选择结构的日志，但没有解决 α^* 算法的问题。表 3-5（a）是 α^* 算法对表 3-4 日志的发现结果，任务 B, D, X 判定不正确。

表 3-5　α^* 算法对表 3-4 日志的发现结果

（a）发现结果		（b）活动 A 的初始化 P/S 表		
案例	事件序列	活动发生事件	前驱	后继
1	$ABXC$	$e(1, A, 1)$	i	B
2	AX_1B_1XC	$e(2, A, 1)$	i	X
3	ABX_2DXC	$e(3, A, 1)$	i	B
4	$AX_1B_2X_3D_1XC$	$e(4, A, 1)$	i	X
5	$AX_4X_5B_3X_3D_1XC$	$e(5, A, 1)$	i	X
6	$AX_6X_7X_8B_4X_9D_2X_3D_1XC$	$e(6, A, 1)$	i	X

（c）活动 X 的初始化 P/S 表

活动发生事件	前驱	后继	活动发生事件	前驱	后继
$e(1, X, 1)$	B	C	$e(5, X, 1)$	A	X
$e(2, X, 1)$	A	B	$e(5, X, 2)$	X	B
$e(2, X, 2)$	B	C	$e(5, X, 3)$	B	D
$e(3, X, 1)$	B	D	$e(5, X, 4)$	D	C
$e(3, X, 2)$	D	C	$e(6, X, 1)$	A	X
$e(4, X, 1)$	A	B	$e(6, X, 2)$	X	X
$e(4, X, 2)$	B	D	$e(6, X, 3)$	X	B
$e(4, X, 3)$	D	C	$e(6, X, 4)$	B	D
			$e(6, X, 5)$	D	D
			$e(6, X, 6)$	D	C

　　顾春琴和叶小虎等则引入了包围任务概念，认为被相同前驱和后继包围的轨迹序列中出现的任务都不是重复任务，虽然能识别部分包含短循环结构的日志，但没有考虑同名任务出现在不同轨迹，且没有处理多个前驱和后继的包围情况，算

法正确性也没有证明。

在多种过程结构混合的模型执行日志中，两个同名称任务的直接前驱和后继信息相同或者不同，并不能判定它们是否同一个任务，例如循环结构产生的重复事件轨迹，因此需要更多的任务次序依赖关系信息。另外，如果从日志发现一个任务与其他任务有正确的依赖次序关系，必然能构造出合理的模型，否则该任务应命名为两个或多个不同名称任务。所以，可基于依赖次序关系来解决重复任务发现问题。为此，本节引入等价类划分的思想，把具有正确依赖次序关系的同名称任务划分为同一任务子集，对不同的同一任务子集重命名，以达到消除重复任务的目标。下面通过扩展次序关系定义，分析变迁型和库所型 WF-net 模型特征，提出了等价类划分同一任务子集的判定定理，给出了解决重复任务发现问题的 α^D 算法的形式化定义，并通过实验证明了算法的正确性。

本节首先定义同名事件、同一任务和重复任务，并基于等价类思想分析了重复任务的本质；随后拓展次序关系，引入了非局部依赖关系，提出了等价类划分同一任务子集的判定定理；给出 α^D 算法的形式化定义，并解释其运行过程。

3.3.2 相关定义

重复任务虽有相同名称，但在构造的模型中却属于不同的变迁。从日志中难以简单判定重复任务。如表 3-4（a）的日志中任务 A 出现了 6 次，必须对这 6 个事件进行比较才能判定它们是否重复任务。除了在日志中只出现一次的任务，其他任务都应列为重复任务考察对象。为了确定重复任务发现问题的本质，下面给出同名事件、同一任务和重复任务等相关定义。

定义 3.3.1（多次任务） 令 $N = (P, T, F)$ 是合理的 WF-net，W 是基于 T 的一个日志，N^+ 为正整数集，任务事件统计函数 $s : T \to N^+$ 是一个偏序函数，它统计 $t \in T$ 在 W 中对应事件的总个数。多次任务集合 $T_M = \{t \in T \mid s(t) > 1\} \subseteq T$，$t \in T_M$ 称为多次任务。

多次任务是重复任务发现算法的挖掘目标，在表 3-4 的例子中，有 $s(A) = 6$，$s(B) = 6$，$s(C) = 6$，$s(D) = 5$，$s(X) = 18$，即 $T_M = \{A, B, C, D, X\}$。为标识多次任务在日志中的对应事件，采用下面的定义。

定义 3.3.2（多次任务事件） 令 $N = (P, T, F)$ 是合理的 WF-net，W 是基于 T 的一个日志，$T_M \subseteq T$ 为多次任务集合，$\forall t \in T_M$ 在 W 中案例 x 的第 z 个事件记为 $e(x, t, z)$，其中：

- $x \in N^+$，表示 t 在 W 中发生事件的案例序号；
- $z \in N^+$，表示 t 在 W 的案例 x 发生事件的顺序号；
- 多次任务事件集合 $E = \{e(x,t,z) \mid \forall x \in N^+, \forall t \in T_M, \forall z \in N^+ : \forall e(x,t,z) \in W\}$；
- 函数 $\mathrm{task} : E \to T$，$\mathrm{task}(e(x,t,z)) = t$ 表示事件 $e(x,t,z)$ 属于任务 $t \in T$。

在表 3-5（c）中，任务 X 在案例 2 的对应事件包括 $e(2,X,1), e(2,X,2)$，有 $\mathrm{task}(e(2,X,1)) = \mathrm{task}(e(2,X,2)) = X$。日志中属于某个多次任务的所有事件称为同名事件。即事件 $e(2,X,1), e(2,X,2)$ 为任务 X 的同名事件。

定义 3.3.3（同名事件）　令 $N = (P,T,F)$ 是合理的 WF-net，W 是基于 T 的一个日志，$T_M \subseteq T$ 是多次任务集合，E 是多次任务事件集合。$t \in T_M$ 的同名事件集 $E_t = \{e \in E \mid \forall e' \in E : \mathrm{task}(e) = \mathrm{task}(e') = t)\}$。$\forall e \in E_t$ 称为 t 的同名事件。

在任务 t 的同名事件集中，每个同名事件 e 在任务集 T_M 都对应同个任务，但可能在构造的模型中每个同名事件对应的变迁不同。根据 Petri net 的可达规则和活性定义，对任意变迁 t，如果有可达标识 S_t 使 t 就绪，那么实施 t 后，必然存在一个从 S_t 可达的标识 S_t'。因此如果两个同名事件都满足这个要求，即从标识 S_t 可达标识 S_t'，那么它们对应同一个变迁。在由日志构造的模型中，把对应相同变迁的同名事件称为同一任务，显然重复任务是指对应不同变迁的同名事件。

定义 3.3.4（同一任务）　令 $N = (P,T,F)$ 是合理的 WF-net，W 是基于 T 的一个日志，$T_M \subseteq T$ 是多次任务集合，E_t 是 $t \in T_M$ 的同名事件集。

对任意的 $e_1, e_2 \in E_t$，若存在中间可达标识 S，有可达标识 $S_{e_1} = S + \bullet e_1$ 使 e_1 就绪，在实施 e_1 后有可达标识 $S_{e_1}' = S_{e_1} - \bullet e_1 + e_1 \bullet$，同时有可达标识 $S_{e_2} = S + \bullet e_2$ 使 e_2 就绪，在实施 e_2 后有可达标识 $S_{e_2}' = S_{e_2} - \bullet e_2 + e_2 \bullet$。

那么 e_1, e_2 为同一任务，记为 $e_1 \equiv_W e_2$，当且仅当：
- $((N, S_{e_1})[e_1\rangle(N, S_{e_1}')) \wedge ((N, S_{e_1})[e_1\rangle(N, S_{e_2}'))$ 并且
- $((N, S_{e_2})[e_2\rangle(N, S_{e_2}')) \wedge ((N, S_{e_2})[e_2\rangle(N, S_{e_1}'))$

在一个任务的同名事件集中，若以同名事件是否对应相同变迁来划分，可以分为多个同一任务子集，不同子集的同名事件互为重复任务。因此基于等价类划分的思想和同一任务的定义，同名事件集可划分为不同的同一任务等价类。解决重复任务发现问题就是对某个任务的同名事件集进行同一任务子集等价划分，然后对不同的同一任务子集元素进行更名以达到消除重复任务的目的。

定义 3.3.5（重复任务）　令 $N = (P,T,F)$ 是合理的 WF-net，W 是基于 T

的一个日志，$T_M \subseteq T$ 是多次任务集合，E_t 是 $t \in T_M$ 的同名事件集。

若 $R = \{< e,e' >| e,e' \in E_t \land e \equiv_w e'\}$，任意 $e \in E_t$ 的等价类为 $[e]_R = \{e' \mid e' \in E_t \land eRe'\}$。对任意 $e_1,e_2 \in E_t$ 且无 $e_1 R e_2$，则 $[e_1]_R \cap [e_2]_R = \phi$，那么 $e_1 \not\equiv_w e_2$，e_1,e_2 为重复任务。

从定义 3.3.5 可知，发现重复任务的关键是确定如何划分同一任务等价类。因为 α 算法是通过提取事件间的次序依赖关系构造模型的，因此可以通过提取同名事件与其他事件的次序依赖关系来确定划分方法。

以表 3-4 的例子分析确定划分的思路。在表 3-5（b）中，任务 A 的同名事件有 6 个。对于 $e(1,A,1),e(2,A,1)$，它们的直接前驱事件都为 i，直接后继事件分别为 B,X。根据同一任务定义，需要证明从 i 经 $e(1,A,1)$ 可达事件 X 或 B，而且从 i 经 $e(2,A,1)$ 可达事件 B 或 X。采用 α 算法的次序关系定义，若 $B\#_w X$，则存在一个库所 P_{ABX} 连接任务 A,B,X；若 $B \parallel_w X$，则存在两个库所：P_{AB} 连接 A,B，P_{AX} 连接 A,X。除了这两种依赖关系，其他情形都无法构造与日志一致的模型，即不符合同一任务定义。这说明两个同名事件的前驱或后继包含非 $\#_w,\parallel_w$ 次序关系时，同名事件集将划分为两个同一任务子集，即存在重复任务。这可看到事件次序依赖关系影响到同一任务子集的划分。

下面的章节，首先拓展次序依赖关系定义，然后给出划分同一任务等价类的判定定理。

3.3.3 检测重复任务

1. 次序关系和完备日志

要从日志检测重复任务间的依赖关系，α 算法的基本次序关系 $>_w$ 和推导的 $\to_w$, $\#_w$, $\parallel_w$ 关系并不足够。现有算法多通过引入更高级的依赖关系来提高挖掘能力。本节采用下面的次序关系定义。

定义 3.3.6（次序关系） 令 $N = (P,T,F)$ 是不含非自由选择和隐含任务的合理的 WF-net，W 是基于 T 的一个日志，即 $W \in \mathcal{P}(T^*)$，则 $a,b,c \in T$：

- $a >_w b$ iff $\exists \sigma \in W, \sigma = t_1 t_2 \cdots t_n, i \in \{1,\cdots,n-1\} : (t_i = a \land t_{i+1} = b)$;
- $a \propto_W$ iff $\exists \sigma \in W, \sigma = t_1 t_2 \cdots t_n, i \in \{1,\cdots,n-2\} : (t_{i-1} = b \land t_i = t_{i+1} = a \land t_{i+2} = c)$，并且 $\exists \sigma' \in W, b,c \in \sigma' : (b >_w c)$;
- $a\Delta_W b$ iff $\exists \sigma \in W, \sigma = t_1 t_2 \cdots t_n, i \in \{1,\cdots,n-2\} : (t_i = t_{i+2} = $

$a \wedge t_{i+1} = b) \wedge \neg(a \propto_W \vee b \propto_W)$;

- $a \diamond_W b$　iff　$a \Delta_W b \wedge b \Delta_W a$;
- $a \rightarrow_W b$　iff　$(a >_W b) \wedge (b \not\succ_W a \vee a \Delta_W b \vee b \Delta_W a \vee a \propto_W \vee b \propto_W)$;
- $a \parallel_W b$　iff　$(a >_W b \wedge b >_W a) \wedge (\neg(a \Delta_W b \vee b \Delta_W a)) \wedge (\neg(a \propto_W \vee b \propto_W))$;
- $a \#_W b$　iff　$(a \not\succ_W b \wedge b \not\succ_W a) \wedge \neg((a \rightarrow_W c \wedge b \rightarrow_W c) \vee (c \rightarrow_W a \wedge c \rightarrow_W b))$;
- $a \#_W^J b$　iff　$(a \not\succ_W b \wedge b \not\succ_W a) \wedge (a \rightarrow_W c \wedge b \rightarrow_W c)$;
- $a \#_W^S b$　iff　$(a \not\succ_W b \wedge b \not\succ_W a) \wedge (c \rightarrow_W a \wedge c \rightarrow_W b)$.

在定义 3.3.6 中，$\propto_W$ 表示长度为 1 的短循环关系（Loop-1），即存在 $baac, bc$ 的事件轨迹；$\diamond_W$ 表示长度为 2 的短循环关系（Loop-2），即存在 aba, bab 的事件轨迹，还暗示如果一个变迁同时属于 Loop-1 和 Loop-2，将会产生不合理的模型。另外，多个短循环混合的情形会产生与 $\parallel_W$ 类似的行为，因此要明显区分。$\#_W$ 关系表示两个任务不相关且无共同连接库所，而 $\#_W^J$ 表示有共同输出库所，$\#_W^S$ 表示有共同输入库所。

日志的质量也是影响挖掘结果的重要因素。由于日志中不可能包括所有的案例，因此只能根据当前的观察来推导模型的生成。根据定义 3.3.6，基于 $>_W, \propto_W$ 和 Δ_W 关系，可以推导出其他次序关系，因此日志完备性定义建立在这三个基本关系上。

定义 3.3.7（完备事件日志）　令 $N = (P, T, F)$ 是合理的 WF-net，W 是基于 T 的一个事件日志，则 W 是完备的，当且仅当：

（1）对于 N 的任意日志 W'，满足 $>_W' \subseteq >_W \wedge \Delta_W' \subseteq \Delta_W \wedge \propto_W' \subseteq \propto_W$；

（2）对于任意 $t \in T$，满足 $\sigma \in W : t \in \sigma$。

本节假设日志：

（1）是完备的；

（2）不含有噪声；

（3）不含非自由选择结构和隐含任务。

基于次序关系和完备日志定义，可以从日志中提取同名事件与其他事件的依赖关系。下面定义任务事件的局部和非局部依赖关系。

2. 非局部依赖关系

现有 α 系列算法多采用局部依赖关系，即任务事件与直接前驱、直接后继事件间的依赖关系。执行循环和并行等过程结构会在日志中形成有规律的任务事件轨迹，这些事件的重复任务发现问题只采用局部依赖关系难以解决。例如有事件轨迹：$\{XABABAY, EABABAF\}$，对于 $e(1,A,2), e(2,A,2)$，它们的直接前驱和后继事件都是任务 B。因为可能这两个同名事件 A 是由不同的过程结构产生的，因此难以通过局部的依赖关系区分。根据定义 3.3.6，事件轨迹 $ABABA$ 是由包含任务 A,B 的 Loop-2 结构产生的，那么任务 A 的比较就可转换成过程结构轨迹的比较，应提取过程结构的直接前驱和后继依赖关系，这定义为非局部依赖关系。下面把能产生规律事件轨迹的任务定义为同结构任务，并给出非局部依赖关系的定义。

定义 3.3.8（同结构任务） 令 $N=(P,T,F)$ 为合理的 WF-net，W 是 N 的完备事件日志，则 $t,t' \in T$：若 $t=t'$ 且 $t \propto_W$，或者 $t \neq t'$ 且 $t \diamond_W t'$ 或 $t \parallel_W t'$，那么 t,t' 互为同结构任务，记为 $t \simeq t'$。

假设有日志 $W=\{ABCDE, ACBDF\}$，有 $B \parallel_W C$，B,C 为同结构任务。因事件 A 为 B,C 产生托肯，在实施 B,C 后使事件 D 就绪，那么称任务 A,D 具有跨结构关系。

定义 3.3.9（跨结构次序关系） 令 $N=(P,T,F)$ 为合理的 WF-net，W 是 N 的完备事件日志，$t,t' \in T$ 互为同结构任务，对任意 $a,b \in T$ 的跨结构次序关系为：$a \xrightarrow{tt'}_W b$ iff $\exists \sigma \in W, \sigma = t_1 t_2 \cdots t_n, \exists \sigma' \in \sigma, \sigma' = t_i \cdots t_j (1 < i \leqslant j < n), a,b \notin \sigma' : (t_{i-1} = a \wedge t_{j+1} = b)$。

定理 3.3.1 令 $N=(P,T,F)$ 为合理的 WF-net，W 是 N 的完备事件日志，$t,t' \in T$ 互为同结构任务，E_t 是 t 的同名事件集，$E_{t'}$ 是 t' 的同名事件集。对任意 $a,b \in T$，若 $a \xrightarrow{tt'}_W b$，则 $e_{t1}, e_{t2} \in E_t, e_{t'1}, e_{t'2} \in E_{t'} : e_{t1} \equiv_W e_{t2} \wedge e_{t'1} \equiv_W e_{t'2}$。

证明： 分别对 $\propto_W, \diamond_W, \parallel_W$ 三种关系进行证明。

（1）若 $t=t'$，即 $t \propto_W$，那么只需证明 $e_{t1} \equiv_W e_{t2}$。假设 $e_{t1} \not\equiv_W e_{t2}$。那么有库所 $P_1 = a \bullet \cap \bullet e_{t1}, P_2 = a \bullet \cap \bullet e_{t2}$，即 $a \bullet = \{P_1, P_2\}$。若 $P_1 \neq P_2$，有 $e_{t1} \parallel_W e_{t2}$，这与 $t \propto_W$ 矛盾，因此 $e_{t1} \equiv_W e_{t2}$。

若 $P_1 = P_2 = P_{12}$，那么 P_{12} 成为 a,b,e_{t1},e_{t2} 的共同库所。设可达标识 S_1 使 a 就绪，实施 a 后得 $S_2 = S_1 + 1P_{12}$ 使 e_{t1},e_{t2} 就绪。实施 e_{t1} 或 e_{t2}，都有 $S_3 = S_2 - 1P_{12} + 1P_{12}$，因此 $e_{t1} \equiv_W e_{t2}$。

（2）若 $t \diamond_W t'$，假设 $e_{t1} \diamond_W e_{t'1}, e_{t2} \diamond_W e_{t'2}$。若 $e_{t1} \not\equiv_W e_{t2} \wedge e_{t'1} \not\equiv_W e_{t'2}$。那么有库所 $P_1 = a \bullet \cap \bullet e_{t1}, P_2 = \bullet b \cap e_{t'1} \bullet, P_3 = e_{t1} \bullet \cap \bullet e_{t'1}, P_4 = \bullet e_{t1} \cap e_{t'1} \bullet$，以及 $P_5 = a \bullet \cap \bullet e_{t2}, P_6 = \bullet b \cap e_{t'2} \bullet, P_7 = e_{t2} \bullet \cap \bullet e_{t'2}, P_8 = \bullet e_{t2} \cap e_{t'2} \bullet$。可知

$P_1 = P_4 = P_{14}, P_2 = P_3 = P_{23}, P_5 = P_8 = P_{58}, P_6 = P_7 = P_{67}$（否则模型 N 不活）。

下面只考虑 $P_{14} = P_{58} = P_a, P_{23} = P_{67} = P_b$（其他情形都会造成模型 N 不合理）。设可达标识 S_1 使 a 就绪，实施 a 后得可达标识 $S_2 = S_1 + 1P_a$ 使 e_{t1} 或 e_{t2} 就绪，实施 e_{t1} 或 e_{t2} 后得可达标识 $S_3 = S_2 - 1P_a + 1P_b$ 使 b 或 $e_{t'1}$ 或 $e_{t'2}$ 就绪，实施 $e_{t'1}$ 或 $e_{t'2}$ 后得可达标识 $S_4 = S_3 - 1P_b + 1P_a$。

因此可得 $(N, S_2)[e_{t1}\rangle(N, S_3), (N, S_2)[e_{t2}\rangle(N, S_3)$，故 $e_{t1} \equiv_W e_{t2}$。

另可得 $(N, S_3)[e_{t'1}\rangle(N, S_4), (N, S_3)[e_{t'2}\rangle(N, S_4)$，故 $e_{t'1} \equiv_W e_{t'2}$。

（3）若 $t \parallel_W t'$，则日志必然存在事件轨迹：$tt', t't$。假设 $e_{t1} \not\equiv_W e_{t2} \wedge e_{t'1} \not\equiv_W e_{t'2}$，那么有 $P_1 = a \bullet \cap \bullet e_{t1}, P_2 = a \bullet \cap \bullet e_{t2}, P_3 = a \bullet \cap \bullet e_{t'1}, P_4 = a \bullet \cap \bullet e_{t'2}$，即 $a\bullet = \{P_1, P_2, P_3, P_4\}$。即 $e_{t1}, e_{t2}, e_{t'1}, e_{t'2}$ 互为 $\parallel_W$ 关系，那么将产生与日志不一致的事件轨迹。得证，证明完毕。　　□

定理 3.3.1 说明，在只有同结构任务的事件轨迹中，所有同名事件都由同一个任务产生，即无重复任务。基于同结构任务和跨结构次序关系定义，下面定义同结构任务的非局部依赖关系。

定义 3.3.10（非局部依赖关系）　令 $N = (P, T, F)$ 为合理的 WF-net，W 是 N 的完备事件日志，$t, t' \in T$ 互为同结构任务，E_t 是 t 的同名事件集，$\forall e \in E_t$ 的非局部依赖关系为，$\forall a, b \in T$：

（1）$a \rightarrow_W t : (a >_W t \vee a >_W t') \wedge (a \neq t \wedge a \neq t')\}$，$a$ 称为 t 或 t' 的前驱事件；

（2）$t \rightarrow_W b (t >_W b \vee t' >_W b) \wedge (b \neq t \wedge b \neq t')\}$，$b$ 称为 t 或 t' 的后继事件；

（3）$a \xrightarrow{tt'}_W b$。

3. 局部依赖关系

非同结构任务采用直接前驱和后继事件来定义局部依赖关系，任一前驱应通过非同结构任务的实施使任一后继任务就绪，这称为跨事件次序关系。

定义 3.3.11（跨事件次序关系）　令 $N = (P, T, F)$ 为合理的 WF-net，W 是 N 的完备事件日志，$t \in T$ 为非同结构任务，对任意 $a, b \in T$ 的跨事件次序关系为：$a \xrightarrow{t}_W b$　iff　$\exists \sigma \in W, \sigma = t_1 t_2 \cdots t_n, i \in \{2, \cdots, n-1\} : (t_{i-1} = a \wedge t_i = t \wedge t_{i+1} = b)$。

定义 3.3.12（局部依赖关系）　令 $N = (P, T, F)$ 是合理的 WF-net，W 是 N 的完备事件日志，$t \in T$ 为非同结构任务，则 t 的局部依赖关系为，$a, b \in T$：

（1）$a >_W t$，a 称为 t 的前驱事件；

(2) $t >_W b$, b 称为 t 的后继事件;

(3) $a \xrightarrow{t}_W b$;

(4) $\exists \sigma \in W, \sigma = t_1 t_2 \cdots t_n$:

(a) 若 $t = \mathrm{first}(\sigma), i \xrightarrow{t}_W b, i$ 为 t 的前驱事件;

(b) 若 $t = \mathrm{last}(\sigma), a \xrightarrow{t}_W o, o$ 为 t 的后继事件。

first，last 函数表示事件轨迹的首个事件和末个事件。

对日志 $W = \{ABCDE, ACBDF\}$，B, C 为同结构任务，A, D, E, F 为非同结构任务，那么有 $A \xrightarrow{BC}_W D$，$C \xrightarrow{D}_W E$，$B \xrightarrow{D}_W F$。

4. 同一任务判定分析

为便于通过分析任务事件的依赖关系来判定同一任务，下面给出一个简化的基于 WF-net 的过程模型片段。该模型包含一个 N_c 子网，并基于定义 3.3.6 中的次序关系，按照 N_c 子网内部依赖关系分为两类：

(1) 变迁型 N_c 模型。子网至少有一个变迁，连接外部库所至少两个，如图 3-6（a）所示，对应非同结构任务。

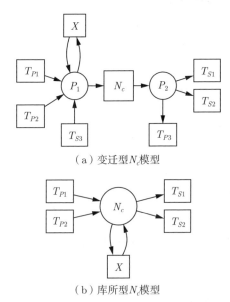

（a）变迁型N_c模型

（b）库所型N_c模型

图 3-6　基于 WF-net 的过程模型片段

(2) 库所型 N_c 模型。子网内至少有一个库所和一个变迁，子网只通过内部库所与外部变迁相连，如图 3-6（b）所示，对应同结构任务。

T_P 表示连接 N_c 的外部输入变迁，T_S 表示连接 N_c 的外部输出变迁，变迁 X 表示 T_P 和 T_S 为同一变迁，即 Loop-1。在此只考虑最简化的情况，即变迁型 N_c 模型内的库所只与 N_c 内的变迁连接；库所型 N_c 模型只考虑 N_c 内变迁通过内部库所与外部变迁连接。所有模型都存在从任意 T_P 经 N_c 到任意 T_S 的可达事件轨迹。下面扩展模型片段。

5. 变迁型 N_c 模型

若 N_c 内不存在同结构任务，那么可只考虑 N_c 里只有一个变迁 T。其他情形可简化为此情形，即 T 与外部变迁的关系为 $>_W$。变迁型 N_c 模型拓展为图 3-7，其中图 3-7（a）是 N_c 子网内只有一个变迁 T 的情况，即 T 与库所 $P1, P2$ 为 $>_W$ 关系；图 3-7（b）是图 3-7（a）的 N_c 子网的局部依赖关系为 $\|_W$ 的情形。

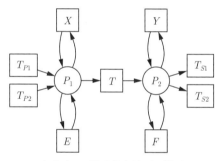

（a）有 $>_W$ 关系的变迁型 N_c 模型

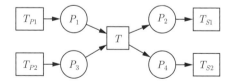

（b）外连接 $\|_W$ 关系的变迁型 N_c 模型

图 3-7　变迁型 N_c 拓展模型

在图 3-7（a）中，当 T 的前驱和后继任务不为 Loop-1 时，任意两个前驱为 $\#_W^J$ 关系且任意两个后继为 $\#_W^S$ 关系，模型是合理的 WF-net。当某个前驱或后继为 Loop-1 时，两个前驱间或后继间出现了 $\rightarrow_W$ 关系，例如 $T_{P1} \rightarrow_W X, Y \rightarrow_W T_{S1}, X \rightarrow_W E, E \rightarrow_W X$。根据这些观察，定义下面的派生次序关系。

定义 3.3.13（派生次序关系） 令 $N = (P, T, F)$ 是合理的 WF-net，W 是 N 的完备事件日志，则 $a, b \in T$：

(1) $a \rightharpoonup_W b$ 当且仅当 $\neg a \propto_W \land b \propto_W \land a \rightarrow_W b$；

(2) $a \rightharpoonup_W b$ 当且仅当 $a \propto_W \land \neg b \propto_W \land a \rightarrow_W b$；

(3) $a \rightleftharpoons_W b$ 当且仅当 $a \propto_W \land b \propto_W \land a \rightarrow_W b \land b \rightarrow_W a$。

在图 3-7（b）中，T 外接 $\parallel_W$ 关系，根据定义 3.3.6，任意前驱和后继任务都不能为 $\propto_W$，Δ_W 关系。因此当任意两个前驱为 $\parallel_W$ 关系或任意两个后继为 $\parallel_W$ 关系时，模型是合理的 WF-net。非同结构任务可采用下面的定理判定同一任务。

定理 3.3.2 令 $N = (P, T, F)$ 是合理的 WF-net，W 是 N 的完备事件日志，$T_M \subseteq T$ 为多次任务集合。$t \in T_M$ 是非同结构任务。E_t 是 t 的同名事件集。

对 $e_1, e_2 \in E_t$，$t_{p1}, t_{p2}, t_{s1}, t_{s2} \in T$：

(1) $t_{p1} \xrightarrow{e_1}_W t_{s1} \land t_{p2} \xrightarrow{e_2}_W t_{s2}$ 且

(2) $\forall e_3, e_4 \in E_t : t_{p1} \xrightarrow{e_3}_W t_{s2} \land t_{p2} \xrightarrow{e_4}_W t_{s1}$ 且

(3) $(t_{p1} = t_{p2}) \lor (t_{p1} \#_W^J t_{p2}) \lor (t_{p1} \parallel_W t_{p2}) \lor (t_{p1} \rightharpoonup_W t_{p2}) \lor (t_{p1} \rightleftharpoons_W t_{p2})$ 且

(4) $(t_{s1} = t_{s2}) \lor (t_{s1} \#_W^S t_{s2}) \lor (t_{s1} \parallel_W t_{s2}) \lor (t_{s1} \rightharpoonup_W t_{s2}) \lor (t_{s1} \rightleftharpoons_W t_{s2})$

那么，$e_1 \equiv_W e_2$。

证明： 该定理的证明根据定义 3.3.6 和定义 3.3.13 的次序关系，考察 $e_1 \equiv_W e_2$ 时，e_1, e_2 的局部依赖关系特征。根据同一任务定义，需要证明 $e_1 \equiv_W e_2 \equiv_W e_3 \equiv_W e_4$。

（1）证明 $e_1 \equiv_W e_3$。

因 $t_{p1} \xrightarrow{e_1}_W t_{s1}$，$t_{p1} \xrightarrow{e_3}_W t_{s2}$，故存在库所 $P_1 = t_{p1} \bullet \cap \bullet e_1$，$P_2 = e_1 \bullet \cap \bullet t_{s1}$，$P_3 = t_{p1} \bullet \cap \bullet e_3$，$P_4 = e_3 \bullet \cap \bullet t_{s2}$。

若 $P_1 \neq P_3$，即 $t_{p1} \bullet = \{P_1, P_3\}$，那么 $e_1 \parallel_W e_3$，这与 t 是非同结构任务矛盾。因此 $P_1 = P_3 = P_{13}$。

对 P_2, P_4，需要考察 t_{s1}, t_{s2} 的次序依赖关系。

（a）若 $t_{s1} = t_{s2} = t_s$，即 $P_2 = P_4 = P_{24}$（否则 N 不合理）。那么对一个使 t_{p1} 就绪的可达标识 S_1，在实施 t_{p1} 后有可达标识 $S_2 = S_1 + 1P_{13}$ 使 e_1, e_3 就绪，实施 e_1 或 e_3 后，有可达标识 $S_3 = S_2 - 1P_{13} + 1P_{24}$ 使 t_s 就绪。故有 $(N, S_2)[e_1\rangle(N, S_3), (N, S_2)[e_3\rangle(N, S_3)$。根据同一任务定义，有 $e_1 \equiv_W e_3$。

（b）若 $t_{s1} \#_W^S t_{s2}$，必有库所 $P' = \bullet t_{s1} \cap \bullet t_{s2}$，则有 $P_2 = P_4 = P' = P_{24}$（否则 e_1, e_3 都为 $\parallel_W$ 关系任务，这与 t 是非同结构任务矛盾）。与上同理，有 $e_1 \equiv_W e_3$。

（c）若 $t_{s1} \parallel_W t_{s2}$，则有 $\bullet t_{s1} \cap \bullet t_{s2} = \phi$，即 $P_2 \neq P_4$。若 t_{s1}, t_{s2} 还有输入库所，那么构造的模型 N 是不合理的，这与条件矛盾。若 $e_1 \not\equiv_W e_3$，那么 $e_1 \parallel_W e_3$，这与 t 是非同结构任务矛盾，故有 $e_1 \equiv_W e_3$。

（d）若 $t_{s1} \rightarrow_W t_{s2}$，有库所 $P' = t_{s1} \bullet \cap \bullet t_{s2}$。假设 $e_1 \equiv_W e_3$，即有 $P_2 = P_4 = P_{24}$（否则 N 不合理）。若 $P' \neq P_{24}$，即 $\bullet t_{s2} = \{P', P_{24}\}$，有 $e_1 \parallel_W t_{s1}$，这与 t 是非同结构任务矛盾，故 $P' = P_{24}$。因 $P_{24} = t_{s1} \bullet = \bullet t_{s1}$，那么有 $t_{s1} \propto_W$，即 $t_{s1} \rightarrow_W t_{s2}$。同理，当 $t_{s2} \rightarrow_W t_{s1}$ 时，有 $t_{s2} \propto_W$，即 $t_{s2} \rightarrow_W t_{s1}$。如果同时有 $t_{s1} \rightarrow_W t_{s2}, t_{s2} \rightarrow_W t_{s1}$，即 $t_{s1} \propto_W, t_{s2} \propto_W$，那么有 $t_{s1} \rightleftarrows_W t_{s2}$。因此如果 $t_{s1} \rightarrow_W t_{s2}, t_{s1} \rightleftarrows_W t_{s2}$，那么 $e_1 \equiv_W e_3$，若无 $t_{s1} \propto_W$ 或 $t_{s2} \propto_W$，则 $e_1 \not\equiv_W e_3$。

（e）若 $t_{s1} \diamond_W t_{s2}$，有库所 $P_a = t_{s1} \bullet \cap \bullet t_{s2}, P_b = t_{s2} \bullet \cap \bullet t_{s1}, P_a \neq P_b$。假设 $e_1 \equiv_W e_3$，即有 $P_2 = P_4 = P_{24}$。若 $P_a = P_{24}$，则 $P_{24} = t_{s1} \bullet = \bullet t_{s1}$，那么有 $t_{s1} \propto_W$，这与条件矛盾。同理，若 $P_b = P_{24}$，有 $t_{s2} \propto_W$，这与条件矛盾。但是若 $P_a \neq P_b \neq P_{24}$，则 $\bullet t_{s1} = \{P_b, P_{24}\}$，即 $e_1 \parallel_W t_{s1}$，这与 t 是非同结构任务矛盾，因此 $e_1 \not\equiv_W e_3$。

（f）若 $t_{s1} \#_W^J t_{s2}$，即存在 $d \in T : t_{s1} \rightarrow d \wedge t_{s2} \rightarrow d$。假设 $e_1 \equiv_W e_3$，有 $P_2 = P_4 = P_{24} = \bullet t_{s1} \cap \bullet t_{s2}$，即 $t_{s1} \#_W^S t_{s2}$，那么构造的模型 N 是合理的。但是 $e_1 \not\equiv_W e_3$ 时，如同时有 $t_{s1} \#_W^S t_{s2}$，构造的模型 N 也是合理的，而如果没有 $t_{s1} \#_W^S t_{s2}$，那么要么模型 N 不合理，要么产生与日志不一致的轨迹。因此 $t_{s1} \#_W^J t_{s2}$ 不能成为判定 $e_1 \equiv_W e_3$ 的条件。

（g）若 $t_{s1} \#_W t_{s2}$，即不存在共同的库所连接 t_{s1}, t_{s2}。假设 $e_1 \equiv_W e_3$，有 $P_2 = P_4 = P_{24} = \bullet t_{s1} \cap \bullet t_{s2}$，这与 $t_{s1} \#_W t_{s2}$ 矛盾，因此 $e_1 \not\equiv_W e_3$。

因此，对 $e_1, e_3 \in E_t$，若前驱事件相同，后继任务间依赖关系为 $=, \#_W^S, \parallel_W, \rightarrow_W, \rightleftarrows_W$ 时，有 $e_1 \equiv_W e_3$。

（2）证明 $e_2 \equiv_W e_4$。

因 $t_{p2} \xrightarrow{e_2}_W t_{s2}, t_{p2} \xrightarrow{e_4}_W t_{s1}$，故存在库所 $P_1 = t_{p2} \bullet \cap \bullet e_2, P_2 = e_2 \bullet \cap \bullet t_{s2}, P_3 = t_{p2} \bullet \cap \bullet e_4, P_4 = e_4 \bullet \cap \bullet t_{s1}$。与 $e_1 \equiv_W e_3$ 的证明类似，可得对 $e_2, e_4 \in E_t$，若前驱事件相同，后继任务间依赖关系为 $=, \#_W^S, \parallel_W, \rightarrow_W, \rightleftarrows_W$ 时，有 $e_2 \equiv_W e_4$。

（3）证明 $e_1 \equiv_W e_4$。

因 $t_{p1} \xrightarrow{e_1}_W t_{s1}, t_{p2} \xrightarrow{e_4}_W t_{s1}$，故存在库所 $P_1 = t_{p1} \bullet \cap \bullet e_1, P_2 = e_1 \bullet \cap \bullet t_{s1}, P_3 = t_{p2} \bullet \cap \bullet e_4, P_4 = e_4 \bullet \cap \bullet t_{s1}$。

若 $P_2 \neq P_4$，即 $\bullet t_{s1} = \{P_2, P_4\}$，那么 $e_1 \parallel_W e_4$，这与 t 是非同结构任务矛

盾。因此 $P_2 = P_4 = P_{24}$。

对 P_1, P_3，需要考察 t_{p1}, t_{p2} 的次序依赖关系。

（a）若 $t_{p1} = t_{p2} = t_p$，即 $P_1 = P_3 = P_{13}$（否则 N 不合理）。那么对一个使 t_p 就绪的可达标识 S_1，在实施 t_p 后有可达标识 $S_2 = S_1 + 1P_{13}$ 使 e_1, e_4 就绪，实施 e_1 或 e_4 后，有可达标识 $S_3 = S_2 - 1P_{13} + 1P_{24}$ 使 t_{s1} 就绪。即有 $(N, S_2)[e_1\rangle(N, S_3), (N, S_2)[e_4\rangle(N, S_3)$。根据同一任务定义，有 $e_1 \equiv_W e_4$。

（b）若 $t_{p1} \#_W^J t_{p2}$，必有库所 $P' = t_{p1} \bullet \cap t_{p2} \bullet$，则有 $P_1 = P_3 = P' = P_{13}$（否则 e_1, e_4 都为 $\|_W$ 关系任务，这与 t 是非同结构任务矛盾）。与上同理，有 $e_1 \equiv_W e_4$。

（c）若 $t_{p1} \|_W t_{p2}$，则 $t_{p1} \bullet \cap t_{p2} \bullet = \phi$，即 $P_1 \neq P_3$。若 t_{p1}, t_{p2} 还有输出库所，那么构造的模型 N 是不合理的，这与条件矛盾。若 $e_1 \not\equiv_W e_4$，那么 $e_1 \|_W e_4$，这与 t 是非同结构任务矛盾，故有 $e_1 \equiv_W e_4$。

（d）若 $t_{p1} \rightarrow_W t_{p2}$，有库所 $P' = t_{p1} \bullet \cap \bullet t_{p2}$。假设 $e_1 \equiv_W e_4$，即有 $P_1 = P_3 = P_{13}$。若 $P' \neq P_{13}$，即 $t_{p1} \bullet = \{P', P_{13}\}$，有 $e_1 \|_W t_{p2}$，这与 t 是非同结构任务矛盾，故 $P' = P_{13}$。因 $P_{13} = t_{p2} \bullet = \bullet t_{p2}$，那么有 $t_{p2} \propto_W$，即 $t_{p1} \rightarrow_W t_{p2}$。同理当 $t_{p2} \rightarrow_W t_{p1}$ 时，有 $t_{p1} \propto_W$，即 $t_{p2} \rightarrow_W t_{p1}$。如果同时有 $t_{p1} \rightarrow_W t_{p2}, t_{p2} \rightarrow_W t_{p1}$，那么有 $t_{p1} \rightleftarrows_W t_{p2}$。因此如果 $t_{p1} \rightarrow_W t_{p2}, t_{p1} \rightleftarrows_W t_{p2}$，那么 $e_1 \equiv_W e_4$，否则 $e_1 \not\equiv_W e_4$。

（e）若 $t_{p1} \diamond_W t_{p2}$，有库所 $P_a = t_{p1} \bullet \cap \bullet t_{p2}, P_b = t_{p2} \bullet \cap \bullet t_{p1}, P_a \neq P_b$。假设 $e_1 \equiv_W e_4$，即有 $P_1 = P_3 = P_{13}$。若 $P_a = P_{13}$，则 $P_{13} = t_{p2} \bullet = \bullet t_{p2}$，那么有 $t_{p2} \propto_W$，这与条件矛盾。同理，若 $P_b = P_{13}$，有 $t_{p1} \propto_W$，这与条件矛盾。但是若 $P_a \neq P_b \neq P_{13}$，则 $\bullet t_{p2} = \{P_a, P_{13}\}$，即 $e_1 \|_W t_{p2}$，这与 t 是非同结构任务矛盾，因此 $e_1 \not\equiv_W e_4$。

（f）若 $t_{p1} \#_W^S t_{p2}$，即存在 $d \in T : d \rightarrow t_{p1} \wedge d \rightarrow t_{p2}$。假设 $e_1 \equiv_W e_4$，有 $P_1 = P_3 = P_{13} = t_{p1} \bullet \cap t_{p2} \bullet$，即 $t_{p1} \#_W^J t_{p2}$，构造的模型 N 是合理的。但是 $e_1 \not\equiv_W e_4$ 时，如同时有 $t_{p1} \#_W^J t_{p2}$，构造的模型 N 也是合理的，而如果没有 $t_{p1} \#_W^J t_{p2}$，那么要么模型 N 不合理，要么产生与日志不一致的轨迹。因此 $t_{p1} \#^S \cdot_W t_{p2}$ 不能成为判定 $e_1 \equiv_W e_4$ 的条件。

（g）若 $t_{p1} \#_W t_{p2}$，即不存在共同的库所连接 t_{p1}, t_{p2}。假设 $e_1 \equiv_W e_4$，有 $P_1 = P_3 = P_{13} = t_{p1} \bullet \cap t_{p2} \bullet$，这与 $t_{p1} \#_W t_{p2}$ 矛盾，因此 $e_1 \not\equiv_W e_4$。

因此，对 $e_1, e_4 \in E_t$，若后继事件相同，前驱事件间依赖关系为 $=, \#_W^J, \|_W, \rightarrow_W, \rightleftarrows_W$ 时，$e_1 \equiv_W e_4$。

（4）同理可得 $e_2 \equiv_W e_3$。

根据上述分析，可得 $e_1 \equiv_W e_2 \equiv_W e_3 \equiv_W e_4$。得证。　　　　　　　□

6. 库所型 N_c 模型

库所型 N_c 模型分三种情形,如图 3-8 所示。图 3-8(a) 模型会产生 $\{\cdots AA \cdots\}$ 的执行轨迹, 即存在 $\propto_W$ 关系。图 3-8(b) 是 N_c 子网内包含 $\Diamond_W$ 关系, 即 Loop-2 结构。而图 3-8(c) 会产生 $\{\cdots AB \cdots, \cdots BA \cdots\}$ 的执行轨迹, 即 $\|_W$ 关系。所以 N_c 子网变迁都为同结构任务。

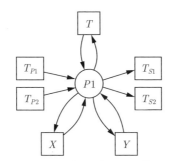

（a）有 $\propto_W$ 关系的库所型 N_c 模型

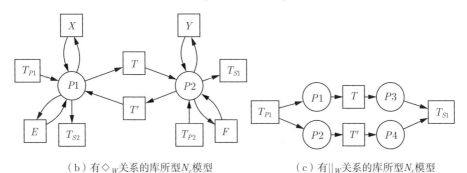

（b）有 $\Diamond_W$ 关系的库所型 N_c 模型　　　　（c）有 $\|_W$ 关系的库所型 N_c 模型

图 3-8　库所型 N_c 拓展模型

在图 3-8(b) 中, 前驱任务 T_{P1}, T_{P2} 为 $\#_W$ 关系, 后继任务 T_{S1}, T_{S2} 为 $\#_W$ 关系。在同结构任务中, 只有 $\Diamond_W$ 关系才有这种情形, 下面定义为 $\#^{\Diamond}$ 派生次序关系。

定义 3.3.14（$\#^{\Diamond}$ 派生次序关系）　令 $N = (P, T, F)$ 是合理的 WF-net, W 是 N 的完备事件日志, 则 $a, b \in T$:

- $a \#_W^{\Diamond} b$ 当且仅当 $t, t', c \in T$: $a \#_W b \wedge t \Diamond_W t' \wedge ((c \xrightarrow{tt'}_W a \wedge c \xrightarrow{tt'}_W b) \vee (a \xrightarrow{tt'}_W c \wedge b \xrightarrow{tt'}_W c))$。

同结构任务采用定理 3.3.3 判定同一任务。

定理 3.3.3 令 $N = (P, T, F)$ 是合理的 WF-net，W 是 N 的完备事件日志，$T_M \subseteq T$ 为多次任务集合。$t, t' \in T_M$ 是同结构任务。E_t 是 t 的同名事件集。

对 $e_1, e_2 \in E_t$，$t_{p1}, t_{p2}, t_{s1}, t_{s2} \in T$：

(1) $t_{p1} \xrightarrow{e_1 t'}_W t_{s1} \wedge t_{p2} \xrightarrow{e_2 t'}_W t_{s2}$ 且

(2) $\forall e_3, e_4 \in E_t : t_{p1} \xrightarrow{e_3 t'}_W t_{s2} \wedge t_{p2} \xrightarrow{e_4 t'}_W t_{s1}$ 且

(3) $(t_{p1} = t_{p2}) \vee (t_{p1} \#_W^J t_{p2}) \vee (t_{p1} \rightarrow_W t_{p2}) \vee (t_{p1} \rightleftarrows_W t_{p2}) \vee (t_{p1} \#_W^{\mathring{}} t_{p2})$ 且

(4) $(t_{s1} = t_{s2}) \vee (t_{s1} \#_W^S t_{s2}) \vee (t_{s1} \rightarrow_W t_{s2}) \vee (t_{s1} \rightleftarrows_W t_{s2}) \vee (t_{s1} \#_W^{\mathring{}} t_{s2})$

那么，$e_1 \equiv_W e_2$。

证明： 首先，若 $t \parallel_W t'$，那么其非局部依赖关系中，只有一个前驱和一个后继事件，因此对 $e_1, e_2 \in E_t$，如果它们的前驱和后继事件都相等，则有 $e_1 \equiv_W e_2$。

下面证明 $t \diamond_W t', t \propto$ 的情形。证明要根据定义 3.3.6、定义 3.3.13 和定义 3.3.14，考察 $e_1 \equiv_W e_2$ 时 e_1, e_2 的非局部依赖关系特征。根据同一任务定义，需要证明 $e_1 \equiv_W e_2 \equiv_W e_3 \equiv_W e_4$。

设 σ 表示被 tt' 的非局部依赖关系事件包围的事件轨迹，$\text{first}(\sigma)$ 为轨迹首个事件，设 $\text{last}(\sigma)$ 为轨迹末个事件。根据定理 3.3.1，σ 内没有重复任务。对 $\sigma_1, \sigma_2, \sigma_3, \sigma_4 \in \sigma, e_1 t' \in \sigma_1, e_2 t' \in \sigma_2, e_3 t' \in \sigma_3, e_4 t' \in \sigma_4$：

(1) 证明 $e_1 \equiv_W e_3$。因 $t_{p1} \xrightarrow{e_1 t'}_W t_{s1}, t_{p1} \xrightarrow{e_3 t'}_W t_{s2}$，故存在库所 $P_1 = t_{p1} \bullet \cap \bullet \text{first}(\sigma_1), P_2 = \text{last}(\sigma_1) \bullet \cap \bullet t_{s1}, P_3 = t_{p1} \bullet \cap \bullet \text{first}(\sigma_3), P_4 = \text{last}(\sigma_3) \bullet \cap \bullet t_{s2}$。

若 $P_1 \neq P_3$，即 $t_{p1} \bullet = \{P_1, P_3\}$，那么 e_1, e_3, t' 互相为 $\parallel_W$ 关系，这将产生与日志不一致的事件轨迹。因此 $P_1 = P_3 = P_{13}$。

对 P_2, P_4，需要考察 t_{s1}, t_{s2} 的次序依赖关系。

（a）若 $t_{s1} = t_{s2} = t_s$，即 $P_2 = P_4 = P_{24}$（否则模型 N 不合理）。那么对一个使 t_{p1} 就绪的可达标识 S_1，在实施 t_{p1} 后有可达标识 $S_2 = S_1 + 1 P_{13}$ 使 $\text{first}(\sigma_1)$ 就绪，当 σ_1 内事件实施后得可达标识 S_{n-1} 使 $\text{last}(\sigma_1)$ 就绪，$\text{last}(\sigma_1)$ 实施后有可达标识 $S_n = S_{n-1} + 1 P_{24}$ 使 t_s 就绪。因此有 $(N, S_2)[\sigma_1\rangle(N, S_n)$；对 σ_3，同理，有 $(N, S_2)[\sigma_3\rangle(N, S_n)$。根据同一任务定义和定理 3.3.1，有 $e_1 \equiv_W e_3$。

（b）若 $t_{s1} \#_W^S t_{s2}$，必有库所 $P' = \bullet t_{s1} \cap \bullet t_{s2}$。则有 $P_2 = P_4 = P' = P_{24}$（否则 e_1, e_3, t_{s1}, t_{s2} 为 $\parallel_W$ 关系任务，这将产生与日志不一致的事件轨迹）。那么有 $P_{13} = t_{p1} \bullet \cap \bullet \text{first}(\sigma_1) \cap \bullet \text{first}(\sigma_3)$ 和 $P_{24} = \text{last}(\sigma_1) \bullet \cap \text{last}(\sigma_3) \bullet \cap \bullet t_{s1} \cap \bullet t_{s2}$。

与上同理，有 $e_1 \equiv_W e_3$。

（c）若 $t_{s1} \rightarrow_W t_{s2}$，有库所 $P' = t_{s1}\bullet \cap \bullet t_{s2}$。假设 $e_1 \equiv_W e_3$，即有 $P_2 = P_4 = P_{24}$（否则模型 N 不合理）。若 $P' \neq P_{24}$，即 $\bullet t_{s2} = \{P', P_{24}\}$，有 $\text{last}(\sigma_1)\|_W t_{s1}$，这将产生与日志不一致的事件轨迹，故 $P' = P_{24}$。

因 $P_{24} = t_{s1}\bullet = \bullet t_{s1}$，那么有 $t_{s1} \propto_W$，即 $t_{s1} \rightarrow_W t_{s2}$。同理，当 $t_{s2} \rightarrow_W t_{s1}$ 时，有 $t_{s2} \propto_W$，即 $t_{s2} \rightarrow_W t_{s1}$。如果同时有 $t_{s1} \rightarrow_W t_{s2}, t_{s2} \rightarrow_W t_{s1}$，那么有 $t_{s1} \rightleftarrows_W t_{s2}$。因此如果 $t_{s1} \rightarrow_W t_{s2}, t_{s1} \rightleftarrows_W t_{s2}$，那么 $e_1 \equiv_W e_3$，否则 $e_1 \not\equiv_W e_3$。

（d）若 $t_{s1}\#_W t_{s2}$，即不存在共同的库所连接 t_{s1}, t_{s2}。假设 $e_1 \equiv_W e_3$。若 $e_1 \propto_W$，那么有 $P_2 = P_4 = P_{24} = \bullet t_{s1} \cap \bullet t_{s2}$，这与 $t_{s1}\#_W t_{s2}$ 矛盾，因此 $e_1 \not\equiv_W e_3$。若 $e_1 \diamond_W t'$，则可能存在 $P_2 \neq P_4$，即有 $t_{s1}\#_W^\diamond t_{s2}$，构造的模型 N 是合理的。因此，当 $t_{s1}\#_W t_{s2}$ 时，$e_1 \not\equiv_W e_3$。而当 $t_{s1}\#_W^\diamond t_{s2}$ 时，有 $e_1 \equiv_W e_3$。

（e）若 $t_{s1}\|_W t_{s2}$，则有 $\bullet t_{s1} \cap \bullet t_{s2} = \phi$。若 t_{s1}, t_{s2} 还有输入库所，那么构造的模型 N 是不合理的，这与条件矛盾，即 $P_2 \neq P_4$。若 $e_1 \equiv_W e_3$，那么模型 N 不合理，故有 $e_1 \not\equiv_W e_3$。

（f）若 $t_{s1} \diamond_W t_{s2}$，有库所 $P_a = t_{s1}\bullet \cap \bullet t_{s2}, P_b = t_{s2}\bullet \cap \bullet t_{s1}, P_a \neq P_b$。假设 $e_1 \equiv_W e_3$，即有 $P_2 = P_4 = P_{24}$。若 $P_a = P_{24}$，则 $P_{24} = t_{s1}\bullet = \bullet t_{s1}$，那么有 $t_{s1} \propto_W$，这与条件矛盾。同理，若 $P_b = P_{24}$，有 $t_{s2} \propto_W$，这与条件矛盾。但是若 $P_a \neq P_b \neq P_{24}$，则 $\bullet t_{s1} = \{P_b, P_{24}\}$，即 $\text{last}(\sigma_1)\|_W t_{s1}$，这将产生与日志不一致的事件轨迹。因此 $e_1 \not\equiv_W e_3$。

（g）若 $t_{s1}\#_W^J t_{s2}$，即存在 $d \in T: t_{s1} \rightarrow d \wedge t_{s2} \rightarrow d$。假设 $e_1 \equiv_W e_3$，有 $P_2 = P_4 = P_{24} = \bullet t_{s1} \cap \bullet t_{s2}$，即 $t_{s1}\#_W^S t_{s2}$，那么构造的模型 N 是合理的。但是 $e_1 \not\equiv_W e_3$ 时，如同时有 $t_{s1}\#_W^S t_{s2}$，构造的模型 N 也是合理的，而如果没有 $t_{s1}\#_W^S t_{s2}$，那么要么模型 N 不合理，要么产生与日志不一致的轨迹。因此 $t_{s1}\#_W^J t_{s2}$ 不能成为判定 $e_1 \equiv_W e_3$ 的条件。

因此，对 $e_1, e_3 \in E_t$，若前驱事件相同，后继任务间依赖关系为 $=, \#_W^S, \rightarrow_W, \rightleftarrows_W, \#_W^\diamond$ 时，有 $e_1 \equiv_W e_3$。

（2）证明 $e_2 \equiv_W e_4$。因 $t_{p2} \xrightarrow{e_2 t'}_W t_{s2}, t_{p2} \xrightarrow{e_4 t'}_W t_{s1}$，故存在库所 $P_1 = t_{p2}\bullet \cap \bullet\text{first}(\sigma_2), P_2 = \text{last}(\sigma_2)\bullet \cap \bullet t_{s2}, P_3 = t_{p2}\bullet \cap \bullet\text{first}(\sigma_4), P_4 = \text{last}(\sigma_4)\bullet \cap \bullet t_{s1}$。

与 $e_1 \equiv_W e_3$ 的证明类似，可得对 $e_2, e_4 \in E_t$，若前驱事件相同，后继任务间依赖关系为 $=, \#_W^S, \rightarrow_W, \rightleftarrows_W, \#_W^\diamond$ 时，有 $e_2 \equiv_W e_4$。

（3）证明 $e_1 \equiv_W e_4$。因 $t_{p1} \xrightarrow{e_1 t'}_W t_{s1}, t_{p2} \xrightarrow{e_4 t'}_W t_{s1}$，故存在库所 $P_1 = t_{p1}\bullet \cap$

$\bullet \mathrm{first}(\sigma_1), P_2 = \mathrm{last}(\sigma_1) \bullet \cap \bullet t_{s1}, P_3 = t_{p2} \bullet \cap \bullet \mathrm{first}(\sigma_4), P_4 = \mathrm{last}(\sigma_4) \bullet \cap \bullet t_{s1}$。

若 $P_2 \neq P_4$，即 $\bullet t_{s1} = \{P_2, P_4\}$，有 $e_1 \parallel_W e_4$，那么模型 N 不合理。因此 $P_2 = P_4 = P_{24}$。

对 P_1, P_3，需要考察 t_{p1}, t_{p2} 的次序依赖关系。

（a）若 $t_{p1} = t_{p2} = t_p$，即 $P_1 = P_3 = P_{13}$（否则模型 N 不合理）。那么对一个为 P_{13} 产生拓肯的可达标识 S_1 使 $\mathrm{first}(\sigma_1)$ 就绪，实施 $\mathrm{first}(\sigma_1)$ 后使 σ_1 内事件实施后得可达标识 S_{n-1} 使 $\mathrm{last}(\sigma_1)$ 就绪，$\mathrm{last}(\sigma_1)$ 实施后有可达标识 $S_n = S_{n-1} + 1P_{24}$。即有 $(N, S_1)[\sigma_1\rangle(N, S_n), (N, S_1)[\sigma_4\rangle(N, S_n)$。根据同一任务定义和定理 3.3.1，有 $e_1 \equiv_w e_4$。

（b）若 $t_{p1} \#_W^J t_{p2}$，必有库所 $P' = t_{p1} \bullet \cap t_{p2} \bullet$。则有 $P_1 = P_3 = P' = P_{13}$（否则 e_1, e_4 都为 $\parallel_W$ 关系任务，这将产生与日志不一致的事件轨迹）。即 $P_{13} = t_{p1} \bullet \cap t_{p2} \bullet \cap \bullet e_1 \cap \bullet e_4$ 与 $P_{24} = e_1 \bullet \cap e_4 \bullet \cap t_s$。与上同理，有 $e_1 \equiv_w e_4$。

（c）若 $t_{p1} \rightharpoonup_W t_{p2}$，有库所 $P' = t_{p1} \bullet \cap \bullet t_{p2}$。假设 $e_1 \equiv_w e_4$，即有 $P_1 = P_3 = P_{13}$。若 $P' \neq P_{13}$，即 $t_{p1} \bullet = \{P', P_{13}\}$，有 $e_1 \parallel_W t_{p2}$，这与 t 是非同结构任务矛盾，故 $P' = P_{13}$。

因 $P_{13} = t_{p2} \bullet = \bullet t_{p2}$，那么有 $t_{p2} \propto_W$，即 $t_{p1} \rightharpoonup_W t_{p2}$。同理，当 $t_{p2} \rightharpoonup_W t_{p1}$ 时，有 $t_{p1} \propto_W$，即 $t_{p2} \rightharpoonup_W t_{p1}$。如果同时有 $t_{p1} \rightharpoonup_W t_{p2}, t_{p2} \rightharpoonup_W t_{p1}$，那么有 $t_{p1} \rightleftarrows_W t_{p2}$。因此如果 $t_{p1} \rightharpoonup_W t_{p2}, t_{p1} \rightleftarrows_W t_{p2}$，那么 $e_1 \equiv_w e_4$，否则 $e_1 \not\equiv_w e_4$。

（d）若 $t_{p1} \#_W t_{p2}$，即不存在共同的库所连接 t_{p1}, t_{p2}。假设 $e_1 \equiv_w e_4$。若 $e_1 \propto_W$，那么有 $P_1 = P_3 = P_{13} = t_{p1} \bullet \cap t_{p2} \bullet$，这与 $t_{p1} \#_W t_{p2}$ 矛盾，因此 $e_1 \not\equiv_w e_4$。若 $e_1 \diamond_W t'$，则存在 $P_1 \neq P_3$，即有 $t_{p1} \#_W^{\circ} t_{p2}$，构造的模型 N 是合理的。因此，当 $t_{p1} \#_W t_{p2}$，$e_1 \not\equiv_w e_4$。当 $t_{p1} \#_W^{\circ} t_{p2}$，有 $e_1 \equiv_w e_4$。

（e）若 $t_{p1} \parallel_W t_{p2}$，则有 $t_{p1} \bullet \cap t_{p2} \bullet = \phi$。若 t_{p1}, t_{p2} 还有输出库所，那么构造的模型 N 是不合理的，这与条件矛盾，即 $P_1 \neq P_3$。若 $e_1 \equiv_w e_4$，那么模型 N 不合理，故有 $e_1 \not\equiv_w e_4$。

（f）若 $t_{p1} \diamond_W t_{p2}$，有库所 $P_a = t_{p1} \bullet \cap \bullet t_{p2}, P_b = t_{p2} \bullet \cap \bullet t_{p1}, P_a \neq P_b$。假设 $e_1 \equiv_w e_4$，即有 $P_1 = P_3 = P_{13}$。若 $P_a = P_{13}$，则 $P_{13} = t_{p2} \bullet = \bullet t_{p2}$，那么有 $t_{p2} \propto_W$，这与 $\diamond_W$ 定义矛盾。同理，若 $P_b = P_{13}$，有 $t_{p1} \propto_W$，这与 $\diamond_W$ 定义矛盾。但是若 $P_a \neq P_b \neq P_{13}$，则 $\bullet t_{p2} = \{P_a, P_{13}\}$，即 $e_1 \parallel_W t_{p2}$，这与 t 是非同结构任务矛盾。因此 $e_1 \not\equiv_w e_4$。

（g）若 $t_{p1} \#_W^S t_{p2}$，即存在 $d \in T : d \rightarrow t_{p1} \wedge d \rightarrow t_{p2}$。假设 $e_1 \equiv_W e_4$，有

$P_1 = P_3 = P_{13} = t_{p1} \bullet \cap t_{p2} \bullet$，即 $t_{p1} \#_W^J t_{p2}$，构造的模型 N 是合理的。但是 $e_1 \not\equiv_W e_4$ 时，如同时有 $t_{p1} \#_W^J t_{p2}$，构造的模型 N 也是合理的，而如果没有 $t_{p1} \#_W^J t_{p2}$，那么要么模型 N 不合理，要么产生与日志不一致的轨迹。因此 $t_{p1} \#_W^S t_{p2}$ 不能成为判定 $e_1 \equiv_W e_4$ 的条件。

因此，对 $e_1, e_4 \in E_t$，若后继事件相同，前驱事件间依赖关系为 $=, \#_W^J, \to_W$, $\rightleftarrows_W, \#_W^\circ$，有 $e_1 \equiv_W e_4$。

（4）同理可得 $e_2 \equiv_W e_3$。

根据上述分析，可得 $e_1 \equiv_W e_2 \equiv_W e_3 \equiv_W e_4$。得证。 □

3.3.4 重复任务过程发现算法

本节首先介绍从日志事件轨迹中提取事件次序关系，并确定同结构任务；接下来提取同名事件的局部和非局部依赖关系；最后定义发现重复任务的挖掘算法并讨论其复杂性。

1. 提取事件次序关系

通过定义 3.3.6、定义 3.3.13 和定义 3.3.14 的次序关系，可以推导出事件的次序关系，这是构造过程模型的基础。因为基于 $>_W$，$\propto_W$ 和 Δ_W 次序关系，可以推导出其他次序关系，因此对完备日志 W 导出各种次序关系的顺序如下：

（1）根据事件执行轨迹得到 $>_W$；

（2）基于 $>_W$ 得到 $\propto_W$ 和 Δ_W 关系，并得到任务事件集合 T_W；

（3）基于 $>_W, \propto_W$ 和 Δ_W，得到 $\diamond_W, \to_W, \#_W, \#_W^S, \#_W^J, \|_W$；

（4）基于 $\to_W, \propto_W, \diamond_W$，得到 $\twoheadrightarrow_W, \to_W, \rightleftarrows_W, \#_W^\circ$。

另外，根据定义 3.3.8，可知具有 $\propto_W, \diamond_W, \|_W$ 关系的任务是同结构任务。

例如对于表 3-6 的日志，可得到以下依赖关系。

（1）$(>_W) : A >_W B, B >_W X, X >_W C, A >_W X, X >_W B, X >_W D, D >_W X,$
    $X >_W X$

（2）$(\propto_W) : X \propto_W$

（3）（a）$(\to_W) : A \to_W B, A \to_W X, B \to_W X, X \to_W B, X \to_W C, X \to_W D,$
        $D \to_W X$

    （b）$(\#_W) : A \#_W C, A \#_W D, B \#_W C$

    （c）$(\#_W^S) : C \#_W D$

(d) $(\#_W^J): B\#_W D$

(4) (a) $(\rightharpoonup_W): B \rightharpoonup_W X, D \rightharpoonup_W X, A \rightharpoonup_W X$

    (b) $(\rightharpoonup_W): X \rightharpoonup_W C, X \rightharpoonup_W B, X \rightharpoonup_W D$

第（2）步因为 $X >_W X, A >_W X, X >_W B, A >_W B$，故有 $X \propto_W$。虽存在 XDX, DXD 轨迹，但因有 $X \propto_W$，所以不能发现有 $X\Delta_W D, D\Delta_W X$。第（3）步因 $B >_W X, X >_W B$，但 $X \propto_W$，故无 $B \parallel_W X$，同理也无 $D \parallel_W X$。因 $X \propto_W$，故 X 为同结构任务。在逐步识别重复任务后，就能发现所有次序关系。

2. 提取同名事件依赖关系

根据提取的事件次序关系和同结构任务，采用前驱/后继表（P/S 表）表示每个同名事件的依赖关系。根据定义 3.3.3、定义 3.3.10 和定义 3.3.12，P/S 表包括同名事件、前驱和后继事件。表 3-6 是根据上节提取的次序关系生成的表 3-4 日志同名事件 P/S 表。与 α^* 算法不同，前驱和后继事件根据局部和非局部依赖关系定义提取。例如，因 X 是同结构任务，因此 $e(5, X, 1), e(5, X, 2)$ 的前驱和后继分别为 A, B。

3. 发现重复任务算法

发现重复任务通过划分同一任务集合来实现，即使用前面的定理比较各同名事件的前驱和后继事件，如果符合定理判定则归并同名事件到同个集合，最后对各同一任务子集的同名事件进行更名。

下面给出对应的算法形式化定义。其中 $\mathrm{equivalence}(e_1, e_2)$ 函数使用定理 3.3.2 和定理 3.3.3 对两个同名事件进行同一任务判定，$\mathrm{first}E(m)$ 函数返回同一任务集合的首个元素，$\mathrm{merge}(m, n)$ 函数则用于归并同名事件到同一任务集合，把同一任务集合 n 合并到集合 m，并置集合 n 为空，返回集合 $\mathrm{m.update}(X, W)$ 函数根据同一任务集合 X，对日志 W 的相应事件进行更名，更名规则为首个同一任务子集的元素名称不变，其他子集的元素按顺序加阿拉伯数字下标，从 1 开始递增。$\mathrm{RecoveryTask}(T)$，$\mathrm{RecoveryArc}(F)$ 函数分别对构造的模型进行恢复原名称和修改相关弧定义。

表 3-6　表 3-4 日志的初始化 P/S 表

（a）活动 A 的 P/S 表

同名事件	前驱	后继
$e(1,A,1)$	I	B
$e(2,A,1)$	I	X
$e(3,A,1)$	I	B
$e(4,A,1)$	I	X
$e(5,A,1)$	I	X
$e(6,A,1)$	I	X

（b）活动 B 的 P/S 表

同名事件	前驱	后继
$e(1,B,1)$	A	X
$e(2,B,1)$	X	X
$e(3,B,1)$	A	X
$e(4,B,1)$	X	X
$e(5,B,1)$	X	X
$e(6,B,1)$	X	X

（c）活动 C 的 P/S 表

同名事件	前驱	后继
$e(1,C,1)$	X	O
$e(2,C,1)$	X	O
$e(3,C,1)$	X	O
$e(4,C,1)$	X	O
$e(5,C,1)$	X	O
$e(6,C,1)$	X	O

（d）活动 D 的 P/S 表

同名事件	前驱	后继
$e(3,D,1)$	X	X
$e(4,D,1)$	X	X
$e(5,D,1)$	X	X
$e(6,D,1)$	X	X
$e(6,D,2)$	X	X

（e）活动 X 的 P/S 表

同名事件	前驱	后继	任务	前驱	后继
$e(1,X,1)$	B	C	$e(5,X,1)$	A	B
$e(2,X,1)$	A	B	$e(5,X,2)$	A	B
$e(2,X,2)$	B	C	$e(5,X,3)$	B	D
$e(3,X,1)$	B	D	$e(5,X,4)$	D	C
$e(3,X,2)$	D	C	$e(6,X,1)$	A	B
$e(4,X,1)$	A	B	$e(6,X,2)$	A	B
$e(4,X,2)$	B	D	$e(6,X,3)$	A	B
$e(4,X,3)$	D	C	$e(6,X,4)$	B	D
			$e(6,X,5)$	D	D
			$e(6,X,6)$	D	C

算法 3.3.1（发现重复任务算法 α^D）　令 W 为基于某任务集合 T 的一个完备事件日志（即 $W \subseteq T^*$），则发现重复任务算法 $\alpha^D(W)$ 定义如下：

(1) $T_W = \{t \in T \mid \exists_{\sigma \in W} t \in \sigma\}$；

(2) $T_I = \{t \in T \mid \exists_{\sigma \in W} t = \text{first}(\sigma)\}$；

(3) $T_O = \{t \in T \mid \exists_{\sigma \in W} t = \text{last}(\sigma)\}$；

(4) $T_M = \{t \in T_W \mid s(t) > 1\}$；

(5) $T_C = \{\}$；

(6) $W^{-D} = W$；

(7) $T_{W\text{-}D} = T_W$;

(8) $ST_{W\text{-}D} = \{A \mid A \subseteq T_W \wedge \forall t, a \in A : (t \diamond_W a \vee t \parallel_W a)\} \cup \{B \mid B \subseteq T_W \wedge \forall t \in B : (t \propto_W)\}$;

(9) For each $t \in T_M$ do:

(a) $E_{W\text{-}D} = \{e(x, t, z) \in W \mid \exists x \in N^+, t = \text{task}(e(x, t, z)), \exists z \in N^+\}$;

(b) $PS_{W\text{-}D} = \{(Y, B, C) \mid Y \subseteq E_{W\text{-}D} \wedge A, B \subseteq T_{W\text{-}D} \wedge \forall e \in Y, \forall a \in A,$
$\forall b \in B, t' \in T_{W\text{-}D} : (a >_{W\text{-}D} t \wedge t >_{W\text{-}D} b \wedge a \xrightarrow{t}_{W\text{-}D} b \wedge t = \text{task}(e) \notin ST_{W\text{-}D}) \vee$
$(a \rightarrow\!\!\!\rightarrow_{W\text{-}D} t \wedge t \rightarrow\!\!\!\rightarrow_{W\text{-}D} b \wedge a \xrightarrow{tt'}_{W\text{-}D} b \wedge t \simeq t' \wedge t = \text{task}(e) \in ST_{W\text{-}D})\}$;

(c) $M_{W\text{-}D} = \{Y \mid Y \subseteq PS_{W\text{-}D} \wedge Y' \subseteq PS_{W\text{-}D} \wedge Y \cap Y' = \phi\}$;

(d) $X_{W\text{-}D} = \{\}$;

(e) For each $m \subseteq M_{W\text{-}D}$ do:

- For each $n \subseteq (M_{W\text{-}D} - m - \{\phi\})$ do:
  - if $(\text{equivalence}(\text{first}E(m), \text{first}E(n))$ then
    * $m = \text{merge}(m, n)$
- $X_{W\text{-}D} = X_{W\text{-}D} \cup m$
- $M_{W\text{-}D} = M_{W\text{-}D} - m - \{\phi\}$;

(f) if $|X_{W\text{-}D}| > 1$ then

- $W^{-D} = \text{update}(X_{W\text{-}D}, W^{-D})$
- $T_{W\text{-}D} = \{t \in T \mid \exists_{\sigma \in W^{-D}} t \in \sigma\}$,
- $ST_{W\text{-}D} = \{A \mid A \subseteq T_{W\text{-}D} \wedge \forall t, a \in A : (t \diamond_{W\text{-}D} a \vee t \parallel_{W\text{-}D} a)\} \cup \{B \mid B \subseteq T_{W\text{-}D} \wedge \forall t \in B : (t \propto_{W\text{-}D})\}$;

(g) $T_C = T_C \cup \{t\}$;

(h) $T_M = T_M - T_C$。

(10) $(P_{W\text{-}D}, T_{W\text{-}D}, F_{W\text{-}D}) = \alpha'(W^{-D})$;

(11) $P_W = P_{W\text{-}D}$;

(12) $T_W = \text{RecoveryTask}(T_{W\text{-}D})$;

(13) $F_W = \text{RecoveryArc}(F_{W\text{-}D})$;

(14) $\alpha^D(W) = (P_W, T_W, F_W)$。

简单解释算法每个步骤的作用：步骤 1 到步骤 3 提取任务间的依赖关系，并生成任务集合 T_W。步骤 4 生成多次任务集 T_M。在步骤 5，T_C 用于记录已检查过的多次任务。步骤 6 和 7 初始化消除重复任务日志 W^{-D} 和任务集合 T_{W-D}。步骤 8 把有 $\propto_W, \diamond_W, \parallel_W$ 关系的任务列入同结构任务集合。

在步骤 9，对每个多次任务检测是否存在重复任务，具体如下。

（a）建立 t 的同名事件集合 E。

（b）根据 t 是否同结构任务，生成每个 t 同名事件的 P/S 表。

（c）每行 P/S 表记录，即 PS 集每个元素各自构成一个单元素子集，组成集合 M。

（d）初始化同一任务集合 X。

（e）对集合 M 的每个同一任务集合，采用定理 3.3.2、定理 3.3.3 进行同一任务判定。如果 m, n 子集中所有元素为同一任务，则 n 合并到 m，并置 n 为空，直至 M 中没有子集可归并到 m 中。把已判定为同一任务的子集元素放入 X，同时将其从 M 去除，然后继续归并 M 中剩余的同名事件。因为同个子集的元素都为同一任务，因此不同子集的比较可各自选择任意一个元素，本算法采用每个子集的首个元素。

（f）如果 X 的元素只有一个，说明所有 t 的同名事件都是同一任务，即没有发现重复任务。否则，说明存在多个重复任务，那就要对重复任务重新命名，并更新日志 W^{-D}。然后基于新日志，生成新的 T_{W-D}、次序关系以及同结构任务集合 ST_{W-D}。

（g）更新 T_M。

（h）更新 T_C。当一个任务 t 检测完就重复第 9 步，直至 T_M 为空，若所有多次任务已检查完毕，步骤 9 返回没有重复任务的日志 W^{-D}。

步骤 10 采用本章提出的 α' 算法对 W^{-D} 进行过程模型构造。步骤 11 至步骤 13 对发现模型的库所、变迁和弧进行恢复重复任务名称操作。步骤 14 返回带有短循环任务和重复任务的 WF-net。

4. α^D 算法的复杂性

α^D 算法主要包括三个阶段：发现重复任务、构造模型和模型修正。设日志的事件个数为 n，任务个数为 m，重复任务个数为 p，某个任务在日志中的同名事件个数为 q。因为算法的日志完备性建立在 $>_W$，$\propto_W$ 和 Δ_W 关系上，不要求所有可能的事件都发生，所以虽然个别复杂模型的日志包含上百万事件，但事件个数 n 不会对算法性能产生太大影响。通常有 $n \gg q > m > p$。

发现重复任务阶段主要工作是提取任务次序关系、建立同名事件 P/S 表、划分同一任务子集和重复任务更名。$>_w$，α_w 和 Δ_w 三个基本次序关系的提取与日志事件个数相关，时间复杂度为 $O(n)$。其他次序关系可根据三个基本关系推导，时间复杂度与任务个数相关，为 $O(m^2)$。因 n 远大于 m，因此提取次序关系复杂度为 $O(n)$。建立同名事件 P/S 表需要对每个同名事件的依赖关系进行搜索，因此跟任务个数、同名事件个数和日志事件个数有关，复杂度为 $O(m*q*n)$，最坏情况下 $m*q=n$，那么复杂度为 $O(n^2)$。划分同一任务子集需要同一任务子集间比较，算法中采用了高效的办法，利用同一任务的特点，不同的子集只需比较一个元素。因此，最好情况下若某任务没有重复任务，复杂度为 $O(m*q)$，最坏情况下每个同名事件都互为重复任务，复杂度为 $O(m*q*n)$。但实际上模型的任务数一般少于 100 个，因此加上其他步骤，划分同一任务子集复杂度为 $O(n^2)$。对日志的重复任务更名操作与重复任务个数 p 相关，但重复任务个数通常不多，故时间复杂度为 $O(n)$。总之，发现重复任务阶段的时间复杂度为 $O(n^2)$。

第一阶段得到不含重复任务的日志，因此可以采用现有的过程发现算法构造模型，本节采用第 3 章提出的 α' 算法，可发现含短循环结构的日志。最后的模型修正阶段是恢复重复任务的原名称以及修改连接到重复任务的弧，因此与任务个数和弧集合大小有关，时间复杂度为 $O(m^2)$。

虽然算法的时间复杂度与日志事件个数为指数关系，但因为日志事件个数和轨迹数与任务个数为线性关系，而多数模型的任务数不超过 100 个，所以本算法的运算时间不会影响大日志处理，由算法发现结果的正确性为改进业务流程带来的益处更值得关注。

3.3.5 算法实验分析

本算法采用 Java 语言实现，并已实现为 α^D 算法插件，可集成至主流的开源过程挖掘工具 ProM 中。图 3-9 为运用 ProM 6.0 软件对日志 N_{24} 进行发现的结果。

本实验采用 26 个人工例子对算法正确性进行验证。每个模型产生 1000 个案例的日志，实验日志采用 CPN Tools 和 ProMimport 产生。

例子说明如下：

（1）模型 $N_1 - N_8$，来自 α^* 算法实验例子，其中 N_7 为 M_9，N_8 来自 Herbst 的 M_1，主要测试重复任务位置在顺序、选择、并行结构，以及前驱和后继为单个事件的情形。

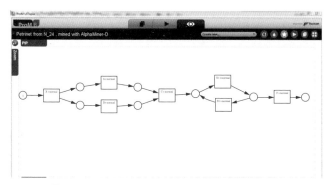

图 3-9　采用 α^D 算法插件挖掘日志 N_{24} 的结果（未恢复重复任务原名称）

（2）模型 $N_9 - N_{17}$，来自顾春琴的 τ 算法，测试重复任务位置在顺序、选择、并行、Loop-1 和 Loop-2 短循环结构，以及前驱和后继为单个事件的情形，如图 3-10 所示。

（3）模型 N_{18}-N_{26}，测试重复任务位置在顺序、选择、并行、Loop-1 和 Loop-2 短循环结构，以及多个前驱和后继事件、前驱和后继为 Loop-1 和并行结构的情形，如图 3-11 所示。

表 3-7 为实验结果。实验例子考虑了重复任务可能出现的位置，以及事件依赖次序关系可能出现的情形。相比现有研究，本文提出的 α^D 算法可从包含顺序、选择、并行、长循环和短循环结构的日志发现重复任务，并充分考虑了多种结构混合的情况，因此挖掘能力更强。实验也证明了同一任务等价类判定定理和算法的正确性，说明 α^D 算法可发现合理的结构化 WF-net。

日趋复杂的业务过程模型使得过程挖掘技术必须能处理包含多种过程结构的事件日志。α 系列算法的关键是事件次序依赖关系的提取，因此无论日志包含何种过程结构，基于事件次序依赖关系必能构造合理的 WF-net。重复任务造成了不正确的事件次序依赖关系，本节将等价类划分与提取次序依赖关系结合，认为不同的同一任务等价类互为重复任务，提出了 α^D 算法，并证明可从包含短循环和复杂局部依赖关系的日志发现重复任务。隐含任务和非自由选择结构也是常见的过程结构，显然只要扩展次序关系定义，证明可正确提取相应的依赖关系，混合结构下的重复任务发现问题可解决。而在服务计算和物联网等新环境下，重复任务问题遇到了新挑战，即处理跨组织和多组织执行重复流程产生的大规模事件日志。这些是未来值得研究的。

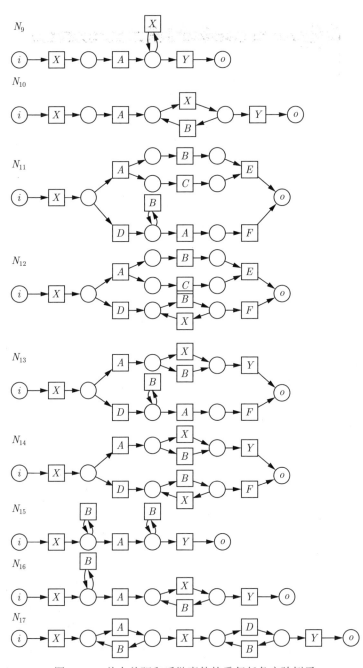

图 3-10　单个前驱和后继事件的重复任务实验例子

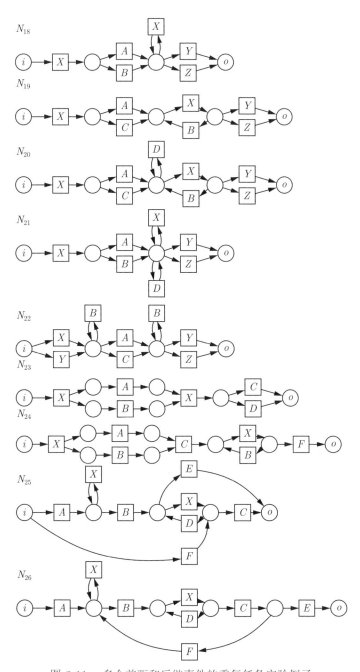

图 3-11　多个前驱和后继事件的重复任务实验例子

表 3-7　重复任务发现算法实验结果

模型 名称	检测点	事件	重复任务	同结构	变迁/库所/弧	α^D算法	α^*算法	τ算法
N_1	顺序 + 顺序	4000	1	0	4/5/8	正确	正确	正确
N_2	顺序 + 并行	5000	1	1	5/7/12	正确	正确	正确
N_3	顺序 + 选择	4000	1	0	5/5/10	正确	正确	正确
N_4	选择 + 选择	3300	1	0	6/5/12	正确	正确	正确
N_5	并行 + 选择	5000	2	2	9/11/22	正确	正确	正确
N_6	并行 + 并行	5000	1	2	9/11/22	正确	正确	正确
N_7	顺序 + 并行 + 选择	11000	3	3	13/14/30	正确	正确	正确
N_8	顺序 + 长循环	5975	2	2	4/5/8	正确	正确	正确
N_9	顺序 +Loop-1	4500	1	1	4/4/8	正确	—	正确
N_{10}	顺序 +Loop-2	5994	1	1	5/5/10	正确	—	正确
N_{11}	并行 +Loop-1	5312	2	2	9/9/20	正确	—	正确
N_{12}	并行 +Loop-2	5600	2	2	9/9/20	正确	—	正确
N_{13}	选择 +Loop-1	4980	3	2	9/7/18	正确	—	正确
N_{14}	选择 +Loop-2	5200	2	1	9/7/18	正确	—	正确
N_{15}	Loop-1+Loop-1	5400	1	2	5/4/10	正确	—	正确
N_{16}	Loop-1+Loop-2	6674	2	2	6/5/12	正确	—	正确
N_{17}	Loop-2+Loop-2	7000	2	2	7/6/14	正确	—	正确
N_{18}	顺序 +Loop-1+ 多前驱后继	4464	1	1	6/4/12	正确	—	—
N_{19}	顺序 +Loop-2+ 多前驱后继	5976	1	1	7/5/14	正确	—	—
N_{20}	顺序 +Loop-1+Loop-1 前驱后继	7200	1	2	8/5/16	正确	—	—
N_{21}	顺序 +Loop-2+Loop-1 前驱后继	5760	1	2	7/4/14	正确	—	—
N_{22}	Loop-1+Loop-1+ 多前驱后继	12960	2	2	8/4/16	正确	—	—
N_{23}	顺序 + 并行前驱后继	5000	1	1	6/7/14	正确	—	—
N_{24}	顺序 +Loop-2+ 并行后继	7968	2	2	7/8/16	正确	—	—
N_{25}	Loop-1+Loop-2+ 前驱后继	5400	1	2	5/8/16	正确	—	—
N_{26}	Loop-1+Loop-2+ 长循环前驱后继	11408	1	3	8/6/16	正确	—	—

第4章

教育物联网过程挖掘应用

过程发现技术可发现业务过程的不同维度，主要有控制流维度、角色维度、频度维度、组织维度、资源维度等。控制流维度侧重业务过程中的活动及依赖关系。使用控制流发现技术可构造反映日志案例执行情况的过程模型，结合其他活动属性，则可进行多角度维度分析。

虽然当前已出现了不少优秀的过程发现算法，但是应用效果一般，主要原因有：

（1）当前过程挖掘研究重点关注控制流维度挖掘算法，多采用理想日志评估挖掘质量。

（2）最近出现的部分可处理真实日志的算法，由于缺乏应用领域知识支持，没有从业务管理决策需求出发，其挖掘质量难以理解。

（3）现有的应用研究多针对传统的业务过程信息系统，然而许多行业的信息系统是非过程化的，例如网页浏览、电子邮件、一卡通应用等。

要提高过程挖掘技术的实用性，就必须进行大量的应用分析实践，从而改进过程挖掘算法提供依据。因此，面向应用行业领域业务需求，采用过程挖掘技术从业务数据中发现对管理决策有价值的知识，是未来过程挖掘研究的重要方向。此外在过程挖掘技术应用中，基于业务管理需求，如何综合使用不同的过程挖掘方法，并结合数据挖掘、机器学习等其他智能挖掘方法，也是过程挖掘应用的关键问题。而使用过程挖掘技术从这些非过程化数据中发现业务模型，解决管理决策需求，显然对过程挖掘研究有重要促进意义。

近年来，过程挖掘在教育领域应用逐渐增多，形成了教育过程挖掘研究方向。黄琰指出，教育过程挖掘（Educational Process Mining, EPM）是以教育事件为研究对象，实现教育过程数据的提取、分析与可视化，通过建立完整、紧凑的教育过程模型，揭示教学活动规律，优化教育实践的智能技术与方法，其已在发现学习行为模式、预测学习效果趋势、改进教学评价反馈、提供教学决策支持和提升教育管理服务 5 个维度取得研究进展。

本章探讨过程发现技术在教育物联网 RFID 领域的分析应用方法，属于提供教学决策支持和提升教育管理服务维度。首先面向一卡通应用管理决策需求，确定一卡通 RFID 数据特征，然后介绍采用过程挖掘技术对一卡通 RFID 应用系统业务建模的思路，提出了结合过程挖掘和其他数据分析技术进行多角度分析的方法。该方法先通过数据预处理，把原始数据集成、清洗、融合生成面向主题的数据集市，再将其映射为 XES 业务过程日志数据，然后在 ProM 开源分析平台，构造了基于 WF-net 表示的业务模型，最后结合附加活动属性分析算法进行了多角度分析。实例研究表明，本方法可为一卡通应用提供有效的管理决策支持。

4.1 一卡通 RFID 业务管理决策需求

4.1.1 一卡通 RFID 数据特征

物联网是指通过射频识别（Radio Frequency Identification，RFID）、红外感应器等信息传感设备把物品与互联网相连接，进行信息交互和通信的一种网络。其中 RFID 技术被列为 21 世纪最有前途的重要产业和应用技术之一，它是一种利用射频通信实现的非接触式的自动射频技术。RFID 技术具有防水、防磁、耐高温、使用寿命长、读取距离大、标签上数据可以加密、存储数据容量大等优点。近年来，该技术已经在物流与供应链管理、商品零售、交通运输、军/民用航空、资产管理和防伪防盗等多个领域广泛应用。随着 RFID 技术的发展，相关 RFID 应用系统产生了大量数据。因此，如何从大量数据中提炼出有利用价值的信息，是近年来 RFID 领域的研究重点。

本质上，RFID 技术主要用于跟踪移动物体，当物体上贴 RFID 标签后，就可以记录物品在不同的时间或者位置间的移动情况，或者记录标签持有人的移动情况。RFID 路径数据隐藏了许多有价值的信息，表现为移动物体的移动趋势、频繁的移动行为、移动的异常行为和移动对象之间的联系。数据挖掘技术可以从海量的 RFID 路径数据中挖掘出用户所需要的信息，对 RFID 应用领域有非常大的价值，如可以优化业务流程，决策过程、异常状况的检测等。一卡通是 RFID 的主流应用之一，广泛应用于城市、企业、校园和旅游景点。校园一卡通是指依托校园网，以 RFID 为信息载体，结合物联网、互联网、软件工程及数据库技术，集身份识别、校务管理以及各项校园服务应用为一体的综合系统。

图 4-1 是广州大学城一卡通系统模型。该系统在广州大学城内的十所高校联网、全区通用，实现身份、电子钱包统一管理，已覆盖了校园教学、管理、学习和生活各方面的业务管理需求。系统每日产生大量 RFID 数据，如在 2008 年某天，主要交易数据为：160 万笔/日（支付交易类），10 万笔/日（身份认证类），5 万笔/日（综合业务类）。

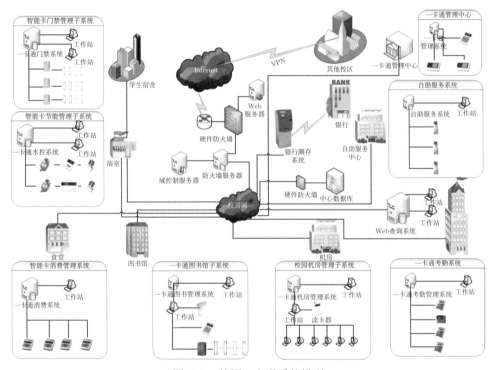

图 4-1　校园一卡通系统模型

在图 4-1 的场景中，用户在业务点使用服务时，无论主动或被动方式读取 RFID 卡，都会产生一条用户的业务应用数据。这些数据通常会包括用户标识、RFID 标识、业务点信息、管理者以及其他附加信息。通常研究者使用多元组来表示 RFID 数据，如三元组 <EPC, Location, Time>，其中 EPC 为 RFID 标签，Location 为业务点，Time 为发生时间。但是，各种 RFID 应用特点不同，因此存在不同的数据特征。

表 4-1 列举了四类常见的 RFID 应用，从 6 方面比较它们的数据特征。

表 4-1　典型 RFID 应用的数据特征对比

RFID 应用	海量性	连续性	实时性	分布性	异构性	行业应用需求
物流供应链	高	明显业务过程	高	广泛	中	有业务过程约束，需要合包和拆包
智能超市	高	路径信息有规律	低	低	低	记录顾客和货物的移动
城市交通一卡通	超高	离散	中	广泛	中	快速
校园一卡通	高	离散	中	广泛	高	业务类型多

　　首先在行业应用需求方面，在供应链应用中，物品在供应链中是大批量的移动，成批物品的路径信息和时间信息基本上是相同的，并且存在组包和拆包的动作，RFID 数据有明显的业务过程特征，一般不会存在回路。而在智能超市应用中，RFID 技术用来跟踪货物及顾客的移动路线，每个商品贴有 RFID 标签，购物车或会员卡上也贴有 RFID 标签，在各个不同的位置部署 RFID 阅读器，这样可以记录商品及顾客的移动轨迹及在某些地点停留的时间。物品一般是单个移动，许多物品的路径信息可能相同，但是它们的时间信息却不同。超市中的商品大部分时间处于静止状态，即在所属的货架上，只有当被顾客选购时，才会随着顾客一起移动。

　　在一卡通应用中，RFID 标签持有人在各业务点活动，没有明显的业务过程约束，不仅时间信息不同，在业务点间的移动也会出现各种路径。城市交通一卡通与校园一卡通的区别在于，交通一卡通业务类型集中，强调简单、高效和稳定；而校园一卡通覆盖范围比城市小，使得可以开展各类业务。

　　其次相比其他应用，一卡通应用业务数据间几乎无关联和约束。校园一卡通还因为业务类型多，因此需要与多个第三方系统集成。由此可见，不同类型的 RFID 应用具有不同的数据特征，在进行数据分析前，掌握 RFID 数据的特点、业务过程需求是必要的。

本节主要研究校园一卡通的 RFID 数据分析，因此下面归纳校园一卡通的 RFID 数据特征。

- 海量性：海量性是 RFID 数据的最典型的一个特征，在一个 RFID 应用系统中，一个时间区域内产生的数据量是相当可观的。一个中等的大学校园用户约 2 万人，每日产生的数据量能达到 10 万条以上。

- 连续性：RFID 数据的连续性主要指时间和空间的连续性，并不是通过预先定义的业务过程来约束。在 RFID 应用系统中，阅读器扫描标签的时间是周期性的，在固定的时间周期内发射射频信号，那么在此阅读器范围之内的物品都会产生数条 RFID 数据。贴有标签的物品被阅读器的周期范围内不断的扫描，这就是时间的连续性。而空间连续性主要是指物品所在位置的连续，物品每被阅读器扫描一次就会产生一条位置记录，这些记录构成了时间与空间都是连续的数据。

- 实时性：RFID 数据在时间上的连续性，使得在应用系统中数据的传输必须是实时的，这就必须在短时间内对这些原始数据进行有效的存储、分析、管理和应用。

- 分布性：RFID 路径数据的分布特性主要是因为 RFID 阅读器通常分布在不同的地点，且范围非常广，与传统的集中式数据挖掘相比，这种分布式存储的数据对数据挖掘技术是一个新的挑战。

- 异构性：为完成特定的业务，RFID 应用必须从其他系统获得支撑数据。这些系统可能存在接口不统一、数据格式不同、数据语义定义不同等异构问题。

4.1.2　一卡通应用分析需求

自 21 世纪初发展至今，校园一卡通系统经历了以硬件架构为中心，以应用为中心，以软件架构为中心到以服务为中心的阶段，目前已成为了数字化校园的基础设施、重要有机组成部分和必备管理工具。

通常 RFID 数据方面的研究包括 RFID 数据的清理、RFID 数据的存储压缩、RFID 事件的检测、RFID 数据聚类分析及频繁模式挖掘等，但是相比其他 RFID 分析，在校园一卡通领域的数据分析才刚起步。复旦大学通过建立独立于一卡通的共享数据库，在此基础上使用业务数据查询统计分析技术开展了大学生消费水平分析，为贫困生认定和困难补助发放提供了参考依据。大连医科大学的王文娟从 Oracle 数据库中导出学生性别、年龄等自然信息，再将以时间为序的消费记录整合成为每个人在校园内不同场所的消费信息，使用 SPSS 16.0 对数据进行录入、整理及统计分析，采用中位值进行描述性分析，并采用非参数检验方法对不同性别、不同年级的学生的一卡通消费总金额、食堂消费及其所占总消费的比例、浴池消费之间的差异进行比较，结果反映了学生的消费特征和性别对消费的影响。苏州大学的张佳利用 SQL Server 2005 的 BI 工具搭建了数据分析环境，并且使用 ID3 决策树算法和 OLAP 联机分析处理技术对学生消费情况、热水消费情况以及商户营业状况三方面进行分析，提出改进业务管理的建议。哈尔滨工程大学的王德才采用支持向量机对校园卡消费流水进行三级分类，并利用关联规则发现学生校园卡的消费模式。

当前的一卡通决策分析大多属于局部优化分析，即以一个业务点或一类业务点为分析对象，结合用户的信息进行分析，结果只对某个或某类业务点有意义，并没有考虑业务点的关联影响。由于一卡通系统包括 20 个以上业务点，涉及多个管理部门，故需要从单个部门了解所管辖的业务点情况，也需要从全局了解整体情况，以实现局部优化和全局优化结合。例如某个食堂可以对自己的业务特征进行分析，还可以结合用户的生活特征、消费水平，以及周边的地理环境，竞争食堂的情况等综合分析，结果不仅对食堂有参考价值，也对后勤管理部门在宏观调控物价水平、平衡各食堂工作压力等有支持作用。

过程挖掘方法可发现业务过程的不同维度（控制流维度、角色维度、频度维度、组织维度、资源维度等）。现有研究重点关注控制流维度挖掘算法，多角度挖掘研究较少。另外，现有研究多采用理想日志评估挖掘质量，由于缺乏应用领域知识支持，没有从业务管理决策需求出发，对真实日志的挖掘质量难以理解。要提高过程挖掘技术的实用性，必须进行大量的应用分析实践，为改进过程挖掘算法提供依据。因此，面向应用行业领域业务需求，采用过程挖掘技术从业务数据中发现对管理决策有价值的知识，已被 IEEE 2011 年列入过程挖掘研究的重要方向。当前从离散孤立的大数据中发现潜在的业务关联信息已成为研究热点，包括面向社会交往信息的社会关系挖掘、面向电子邮件的组织结构挖掘等。但现有研究主要处理业务过程系统的日志挖掘，半结构化和非过程特征数据挖掘也是一大开放问题。

因此，面向一卡通 RFID 应用，基于过程挖掘方法和技术，采用控制流挖掘算法发现用户的活动过程模型，然后结合其他活动维度发现潜在的有价值知识。本章提出的基于过程挖掘进行一卡通 RFID 应用全局优化决策分析的思路，既解决一卡通 RFID 应用全局优化需要，也对过程挖掘多角度分析和非过程特征数据分析研究有参考价值。

4.1.3　挖掘基础分析

控制流挖掘的起点来自于事件日志记录。一卡通系统广泛应用于企事业单位，一卡通系统记录了大量业务信息和用户使用信息，为挖掘用户使用特征提供了数据基础。

首先要从一卡通系统抽取事件日志，一卡通系统数据并没有明显的过程特征，因此需要对一卡通业务领域深入理解，抽取合乎要求的数据。在一卡通系统中大量的数据记录了用户的行为，可以作为了解用户行为特征的依据。例如，查询某个用户某天的所有刷卡记录，即可获知用户的主要活动过程。

除了活动实例、活动和时间戳等必需的信息外，一卡通系统还记录了其他附加属性信息，例如业务类型、消费额、业务员等。基于这些附加信息，可开展多角度、多层次的过程挖掘分析。因此把过程挖掘技术用于一卡通系统决策分析是可行的。

4.2　一卡通过程挖掘方法框架

虽然近十多年来，过程挖掘受到了很多研究者和企事业单位的关注，挖掘技术不断发展成熟，但是过程挖掘在各行业的应用还不多。挖掘目标是把过程挖掘结合应用行业领域知识，运用适当的挖掘技术从行业信息系统事件日志中，发现有价值的知识，为管理决策提供支持。本节基于一卡通业务特点，结合数据仓库、过程挖掘技术，提出面向一卡通应用的过程挖掘方法，并介绍系统设计模型。

本节提出的一卡通过程挖掘方法框架包括 6 个步骤，如下所述。

第一步：原始数据抽取

在一卡通系统中，记录了各业务点的工作情况，包括业务活动发生时间、用户、地点、操作员、业务活动内容等。但是，一卡通系统各业务点并没有明显的业务流程关联，没有过程事件日志。因此，在确定抽取的数据源和数据属性时，要确定活动流程实例、活动和附加属性。一是确定活动流程实例。因为一卡通系统没有明显的业务流程，因此缺少流程的开始和结束。但是因为学校要在固定时间内为用户提供各种服务，所以可以时间作为流程的开始和结束标志，例如一天。确定活动。因为要了解用户在校园的活动过程，所以应选取由用户主动进行的业务活动，不考虑系统自动产生、系统操作员产生的数据。二是选取活动属性。三是附加属性不仅可为过程挖掘提供多角度分析，也可用于数据集划分，例如可根据学生生源地，划分本地区或省外学生数据集。

第二步：数据预处理

抽取的数据仅是根据活动、活动属性来确定，由于不同的数据源属性个数和格式不一致，因此需要数据清洗、数据合并等步骤，得到高质量的数据。

第三步：数据集市划分

原始数据经过预处理阶段后，可导入两类数据库：一是历史数据库，可用作查询、统计分析；二是数据仓库，可用作多维度分析、高级决策分析等。因为数据仓库是面向主题的，故导入数据仓库的数据需要按照主题建立事实表和维度表。根据不同的维度，可划分为不同类型的数据集市。除了必需的活动名称、时间、用户标识要加入事实表外，其他附加属性也可以加入事实表或维度表，构建多个基于主题的数据集市。

第四步：过程日志转换

根据过程挖掘的要求，挖掘的输入必须是过程事件日志，因此需要把预处理好的数据转换为过程日志。转换要根据应用领域知识制定合适的映射规则来进行。一卡通应用的映射规则为：采用时间作为流程开始和结束，业务刷卡数据作为活动，附加其他属性。

第五步：过程挖掘分析

使用合适的控制流挖掘算法，从过程日志构造业务过程模型，再结合其他维度信息，进行多角度挖掘分析。

第六步：管理决策分析

根据过程挖掘结果，结合其他类型分析，提出管理决策建议，并提供给管理者查询使用。

采用系统的数据抽取、预处理、数据集划分、过程日志转换、过程挖掘分析和管理决策分析系列方法对一卡通应用数据处理后，可以从不同的角度观察到一卡通业务的运作全局和局部视图，为提高管理效益提供有效支持。

4.3　设计模型

如图 4-2 所示，该模型分为五个层次。

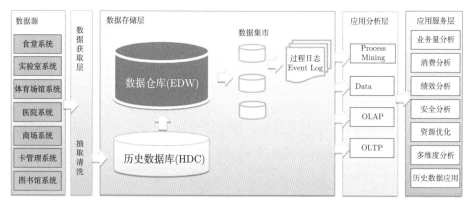

图 4-2　基于数据仓库的一卡通 RFID 决策分析系统架构

1. 数据源

定义了数据源的位置、数据格式，在一卡通应用中，数据源包括各业务点业务数据和系统基础数据。

2. 数据获取层

该层旨在从数据源经过 ETL 后，把符合抽取条件的数据保存到历史数据库中。

3. 数据存储层

该层集中存储各类数据存储单元，历史数据库中存储经过 ETL 的需要分析的原始数据，可用于业务 OLTP 分析应用，数据仓库按照主题从历史数据库抽取相关数据生成数据集市，并存放数据集市转换来的过程事件日志文件。

4. 应用分析层

基于数据存储层的数据实体，可开展不同类型的数据分析。主要包括面向历史数据库的历史数据业务应用，面向过程日志的过程挖掘，面向数据仓库的 OLAP 多维展现，面向数据集市的数据挖掘等。

5. 应用服务层

在数据分析的支持下，提供业务量分析、消费水平分析、绩效分析、资源优化、多维分析、历史数据业务应用等服务。

4.4　一卡通数据预处理

本节介绍在进行过程挖掘分析前的数据预处理工作。主要分为数据预处理和转换日志阶段。在数据预处理阶段，增加了时间参数设置，提高了处理后的数据集的多样性，同时根据业务操作特点，通过数据融合压缩了数据规模，从而提高了方法的效率和应用效果；在转换日志阶段，建立了基于 XTrace 时间粒度的映射规则，实现了 XES 过程日志文件的生成。

4.4.1　数据预处理算法

该阶段的任务是通过数据集成、清洗、融合和划分等预处理技术从原始数据集得到多种基于主题的数据集市。涉及的数据包括原始数据源、历史数据库、数据仓库和数据集市。首先给出原始数据源的定义。一卡通系统的原始数据很多，按照类型划分有交易数据、属性数据、管理数据等类型。交易数据是系统的核心数据，属性数据是指基本的对象信息，如用户信息、业务点信息等，管理数据指支撑系统运行的辅助数据，如日志。本节研究主要涉及交易数据和部分属性数据，下面给出相关定义。

定义 4.4.1（交易数据）　交易数据是一个八元组：

<DSID, UID, Location, Kind, time, cost, MID, CID>，其中：DSID 为数据源标记，为 IPv4 地址；UID 为用户标识，字符串类型；Location 为业务点；Kind 为交易类型；time 为交易时间；cost 为交易额；MID 为管理员；CID 为计算机 IP。所有交易数据元组的集合为 $S = S_1, S_2, \cdots, S_n$，$S_i$ 为某个标识为 DSID 的数据源。

在定义 4.4.1 中，交易数据为原始数据，记录的值是各属性数据的 ID 值，与属性数据有依赖关系。

属性数据有很多种，数据项数量不同，难以定义为同一数据对象，这里采取简洁的定义。属性数据由扩展属性集合 $D = \{D_1, D_2, \cdots, D_n\}$ 表示，D_i 表示不同类型的属性数据集合。在设定的筛选条件下，原始数据被抽取到历史数据库，经过清洗、合并等操作后，可为数据仓库提供干净、简洁的数据。设经过 ETL 的历史交易数据为集合 $S_H = s_1, s_2, \cdots, s_n$，$s_i$ 为第 i 条交易数据元组。属性数据集合 $D_H = D$。

数据仓库的数据是基于主题的。因为数据处理后要转换为过程事件日志，所以根据日志生成模型的要求以及业务管理需求，确定以下主题。

- 用户活动轨迹：事实表为三元组 <UID, Location, time>，维度表包括用户属性维、业务点属性维和时间维；
- 消费特征：事实表为四元组 <UID, Location, time, cost>，维度表包括用户属性维、业务点属性维、货币维和时间维；
- 业务特征：事实表为三元组 <UID, Location, time>，维度表包括用户属性维、业务点属性维、业务点类型维和时间维。

其中，时间维是自定义的，具体为年、月、日和季。

当数据仓库建好后，可以根据不同的维度划分数据集市，设数据集市集合为 $B = \{B_1, B_2, \cdots, B_n\}$，$B_i$ 为某个数据集。

为提高方法的灵活性，预先设定了几种时间参数。

- t_H：原始数据抽取时间表示抽取的原始数据时间范围；
- t_O：业务操作时间表示某个业务存在特殊的多次刷卡数据，根据该时间进行数据合并操作；
- t_B：数据集时间表示数据集市划分的时间粒度。

下面给出数据预处理算法定义：

解释算法 1 具体步骤：

（1）首先定义原始数据源的位置、表结构、抽取时间范围等，根据抽取时间设置，原始数据选择性地导入到历史数据库；

（2）对不符合要求的数据进行清洗；

（3）根据某些业务特殊的刷卡情况，设置业务操作时间，然后根据该时间，融合部分数据，可压缩数据大小；

（4）把处理好的数据根据不同的主题维度导入数据仓库，并根据不同的数据集划分时间，以主题和时间划分出不同的数据集，形成转换日志的数据源。

算法 1 数据预处理算法

输入：原始数据（交易数据集合 S，属性数据集合 D)

输出：数据集市集合 B

（1）定义原始数据源；

（2）设置原始数据抽取参数，抽取原始数据 S 和 D 至历史数据库；

（3）历史数据库数据清洗；

（4）设置业务操作时间参数 t_O，历史数据合并，得到历史数据集合 S_H 和 D_H；

（5）按主题抽取历史数据至数据仓库；

（6）设置数据集市时间参数 t_B，划分数据集市 B。

4.4.2 日志转换

在得到数据集市后，可转换为过程事件日志。当前主流的过程挖掘分析工具都支持 MXML 和 XES（eXtensible Event Stream）文件格式。MXML 文件是过程挖掘工具 ProM 6.0 的过程日志文件格式，可定义日志中的过程实例和活动名称，其他时间、资源等属性可选。实践证明 MXML 文件存在数据属性丢失语义和数据命名不灵活的缺点。因此在 2009 年 IEEE 过程挖掘工作组（ITFPM）成立后，制定了标准通用的 XES 文件格式。本文采用最新的 XES 文件格式，优点在于 XES 文件支持多活动属性且是业界标准，此外，生成 XES 文件既可导入 ProM 工具，也可导出为其他类型的数据。下面介绍 XES 过程事件日志文件的结构。

图 4-3 中描述了 XES 文件各部分的联系。log 表示一个工作流日志，trace 代表一个活动执行序列实例，而 event 代表一个活动发生的事件。一个 trace 中包含多个 event，一个 log 有多条 trace。这种结构与 MXML 格式类似。但不同的地方是这三个基本元素的属性（attribute）支持字符、日期、整数等多种类型，而 MXML 只支持字符类型。属性的扩展（extension）可进一步定义属性的语义。

图 4-4 中是一个简单的 XES 日志例子，只有一条 trace 和一个 event。可发现这是一个 Order_1 活动的执行事件，发生事件为"2009-1-3"，订单交易额为 2142.38。下面介绍如何把一卡通 RFID 数据转换为过程日志文件。首先定义映射转换规则：一个数据集对应一个 log；一个用户在一个业务点的某时刻数据对应一个事件 event，在给定的时间范围，用户的所有事件按时间戳排列对应一个行为实例 trace，其他数据对转为事件的属性。

日志转换具体步骤如图 4-5 所述。

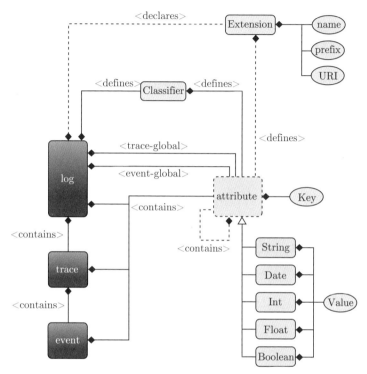

图 4-3　XES 过程事件日志文件元数据模型

```
<trace>
  <string key="concept:name" value="Order_1" />
  <float key="order:totalValue" value="2142.38" />
  <event>
    <string key="concept:name" value="Create" />
    <string key="lifecycle:transition" value="complete" />
    <string key="org:resource" value="Wil" />
    <date key="time:timestamp" value="2009-01-03T15:30:00.000+01:00" />
    <float key="order:currentValue" value="2142.38" />
    <string key="details" value="Order_creation_details">
      <string key="requestedBy" value="Eric" />
      <string key="supplier" value="Fluxi_Inc." />
      <date key="expectedDelivery" value="2009-01-12T12:00:00.000+01:00" />
    </string>
  </event>
</trace>
</log>
```

图 4-4　XES 过程事件日志文件结构

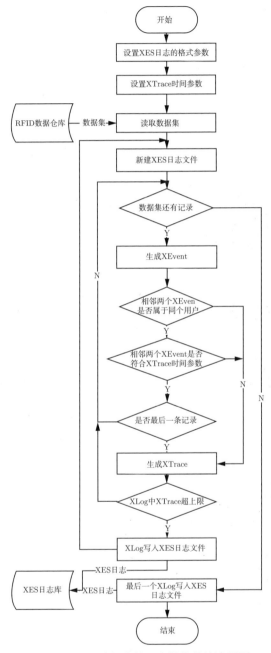

图 4-5　XES 过程事件日志转换算法流程图

（1）设置 XES 日志的格式参数，主要是 event 的数据属性，一卡通 RFID 数据采用（RFID 标识、业务点、业务类型、交易时间、交易金额、经手人）六元组表示；

（2）设置 trace 时间粒度，因为一卡通 RFID 数据没有明显的业务过程特征，因此以 RFID 标识为 trace ID，可以设置时间粒度为天、周、月、年等任意时间周期；

（3）建立映射规则，以 trace 时间粒度为限制条件，查找某个 RFID 标识在时间范围内的所有刷卡记录，一条刷卡记录映射为一个 event，多个符合条件的 event 按时间戳次序加入 trace 中；

（4）由于一卡通 RFID 数据的海量特点，为避免算法执行内存崩溃，采用了 trace 上限的方法，当超过某个上限时，把 log 存入 XES 日志文件中。

在实际处理中，对于事件日志大数据集，可根据分析目的采取优化策略。例如采用基于 α 算法的分析时，主要考虑活动间的依赖关系，不考虑关系出现的频度，因此可抽取行为轨迹后，再生成日志文件，这样就大幅度减少了日志规模，提高了处理速度。

4.5　多角度过程挖掘分析

4.5.1　多角度分析流程

大数据时代不仅数据容量大，而且数据属性多、结构复杂。多种数据分析技术联合是一种值得探索的方法。现有过程挖掘的研究多注重控制流结构挖掘，即构造出反映业务过程结构的模型，对业务数据的其他属性研究不多，影响了过程挖掘应用实践的效果。本节结合一卡通 RFID 应用需求，提出 4 种角度联合分析，如图 4-6 所示。

这 4 种角度分别关注不同的业务需求。

（1）消费特征分析：用户或业务点的消费习惯，以及与消费相关的生活特征；

（2）交通流量分析：区域内各繁忙业务点的交通流量监控，注重安全和服务资源优化；

（3）异常行为分析：关注正确记录但违反管理规程的业务行为；

（4）行为特征分析：刻画用户群体的行为规律，帮助提高服务质量。

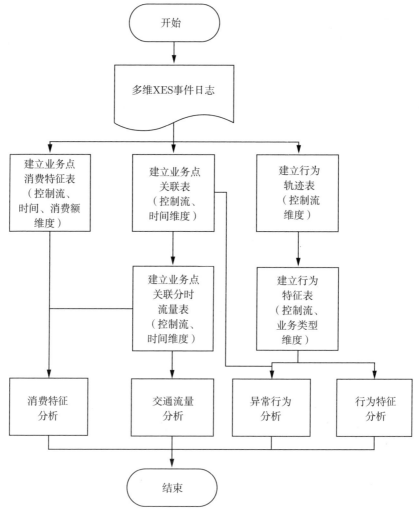

图 4-6 基于过程挖掘的多角度一卡通 RFID 分析流程

不同的角度分析使用了不同的维度数据，但基础都是 XES 日志中的控制流维度。下面介绍使用的数据结构定义和算法。

4.5.2 业务点关联分时流量统计算法

定义 4.5.1（业务点关联表） 业务点关联表是一个五元组：

BR = <UID, Pevent, Sevent, Ptime, Stime>，其中：UID 为用户标识，Pevent

为关联的前业务点，Sevent 为关联的后业务点，Ptime 为 Pevent 发生时间，Stime 为 Sevent 发生时间。

业务点关联表是根据 XES 日志中每条活动执行序列中，统计有前后执行次序的事件而来的。该表是统计两个关联业务点的依赖关系的重要依据。若以关联的后业务点事件发生事件为依据，那么把某个时间范围（如一天）划分为若干时间段，就可以得到来往两个关联业务点的交通流量分时视图，称作业务点关联分时表，定义如下。

定义 4.5.2（业务点关联分时表）　业务点关联分时表是一个五元组：BRT = <Pevent, Sevent, Btime, Etime, Count>，其中：Pevent 为关联的前业务点，Sevent 为关联的后业务点，Btime 为统计开始时间，Etime 为统计结束时间，Count 为时间内计数。

下面给出业务点关联分时流量统计算法。

算法 2　业务点关联分时流量统计算法

输入：XES 日志

输出：业务点关联表 BR，业务点关联分时表 BRT，最大流量关联业务点统计表 MBRT

（1）输入 XES 日志文件；

（2）读取 XES 文件中每一条 trace，要求 trace 中的事件数大于 m，提取同一条 trace 中有直接次序关系的两个事件的名称和发生时间，记录在业务点关联表 BR，并以 trace ID 作为 UID，循环直至 XES 文件已无 trace 停止；

（3）设定统计时间段；

（4）输入业务点关联表 BR，统计活动集合中，任意两个活动在每个统计时间段内的流量，结果录入业务点关联分时表 BRT，循环直至活动集合所有活动遍历完；

（5）输入业务点关联分时表 BRT，按计数排序，得出最大流量关联业务点统计表 MBRT。

第（5）步属于分析阶段，在此只使用了最大流量关联业务点统计。另外，如果算法输入参数为某个特定业务点，那么算法可以分析该业务点与其他关联业务点的流量情况，若该业务点的业务量非常大，那么就可以通过进一步分析，判断是否存在潜在的安全因素或其他有助于改善业务管理绩效的知识。

此外，可单独对算法输出的 3 个数据表作深层次分析，例如从业务点关联表 BR 中可发现前关联业务点与后关联业务点相同的情形，通过计算两个业务点发生时间的间隔，若间隔时间很短（例如 1 分钟），那么可以结合业务点的业务功能判断是否存在异常。类似的异常行为将在下节的过程挖掘应用实践中阐述。

4.5.3 用户行为特征统计算法

　　一卡通应用的行为特征是用户在某个时间段的行为规律,通过控制流、时间和业务类型维度综合分析,可观察到大多数用户使用服务的特点,从而调整服务资源实现最大群体的服务质量,也可发现异常的行为,为引导用户正确生活方式和完善管理漏洞提供参考。

　　定义 4.5.3(行为轨迹表) 行为轨迹表是一个三元组 $AT =< UID, Tstring,$ $Date >$,其中:UID 为用户标识,Tstring 为活动执行序列,Date 为日期。

　　定义 4.5.4(行为特征表) 行为特征表是一个三元组 $AC =< UID, Cstring,$ $Date >$,其中:UID 为用户标识,Cstring 为业务类型序列,Date 为日期。

算法 3　用户行为特征统计算法

输入:XES 日志

输出:行为轨迹表 AT,行为特征表 AC,最频繁行为轨迹表 MAT,最频繁行为特征表 MAC

(1) 输入 XES 日志文件;

(2) 读取 XES 文件中每一条 trace,把 trace 内每个事件名称映射为一个字符,当 trace 内所有事件处理完后,所有字符拼接为轨迹字符串存入行为轨迹表 AT,直至所有 trace 处理完;

(3) 输入 XES 日志文件;

(4) 读取读取 XES 文件中每一条 trace,把 trace 内每个事件的业务类型属性映射为一个字符,当 trace 内所有事件处理完后,所有字符拼接为特征字符串存入行为特征表 AC,直至所有 trace 处理完;

(5) 遍历行为轨迹表 AT,找出最频繁行为轨迹表 MAT;

(6) 遍历行为特征表 AT,找出最频繁行为特征表 MAC。

4.5.4 业务点消费特征统计算法

　　定义 4.5.5(业务点关联消费统计表) 业务点关联消费统计表是一个六元组 BC = <UID, Pevent, Sevent, Ptime, Stime, cost>,其中:UID 为用户标识,Pevent 为关联的前业务点,Sevent 为关联的后业务点,Ptime 为 Pevent 发生时间,Stime 为 Sevent 发生时间,cost 为消费额。

　　业务点关联消费统计表不仅包含了谁在统计业务点何时消费,还记录了消费额,结合统计时间,得到下面的业务点关联消费分时表。

定义 4.5.6（业务点关联消费分时表）　业务点关联分时表是一个六元组 BCT = <Pevent, Sevent, Btime, Etime, Count, cost>，其中：Pevent 为关联的前业务点，Sevent 为关联的后业务点，Btime 为统计开始时间，Etime 为统计结束时间，Count 为时间内计数，cost 为消费额。

定义 4.5.7（业务点消费特征）　业务点消费特征是一个五元组：BRT = < Levent, Count, Avecost, LBCT, OBCT >。其中：Levent 为需分析的业务点，Count 为总计数，Avecost 为消费水平，LBCT 为 Levent 的业务点关联消费分时表，OBCT 为与 Levent 关联业务点的业务点关联消费分时表。

下面给出业务点消费特征统计算法。

算法 4　业务点消费特征统计算法

输入：XES 日志，指定业务点 A，业务点关联分时表 BRT

输出：业务点关联消费分时表 BC，业务点关联消费分时表 BCT，业务点消费特征 BRT

（1）输入 XES 日志文件；

（2）读取 XES 文件中每一条含有事件 A 的 trace，提取同一条 trace 中有直接次序关系的两个事件的名称、发生时间和在 H 的消费额，记录在业务点关联消费分时表 BC，并以 trace ID 作为 UID，循环直至 XES 文件已无 trace 停止；

（3）设定统计时间段；

（4）输入业务点关联消费分时表 BC，统计活动集合中，与活动 A 在每个统计时间段内的流量，结果录入业务点关联消费分时表 BCT，循环直至活动集合所有活动遍历完；

（5）输入业务点关联消费分时表 BC，统计总消费次数和消费总额，输入业务点关联消费分时表 BCT 和业务点关联分时表 BRT，业务点消费特征。

4.6　实例研究

本节以某高校一卡通系统中抽取的 RFID 数据为实例进行多角度的过程挖掘综合分析。研究显示，本节提出的基于过程挖掘的方法可用于一卡通 RFID 数据分析，有较好的适用性，为使用单位管理决策提供了可靠有效的支持。

4.6.1　案例概况

某高校在校生约 2 万人，分为 4 个校区，一卡通应用主要涉及 38 个业务点，覆盖了校园内教学、学习和生活设施，参见图 4-7。各业务点特征如表 4-2 所示。

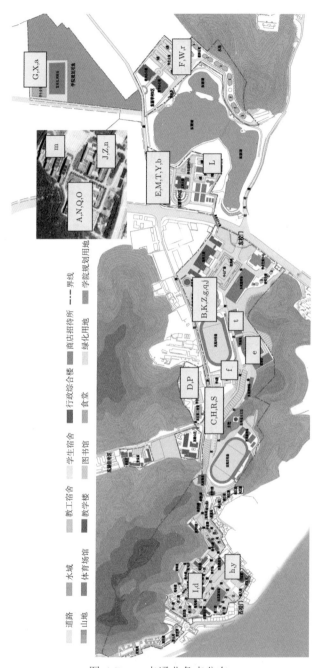

图 4-7　一卡通业务点分布

表 4-2　各业务点特征

序号	业务点标识	业务类型	校区	序号	业务点标识	业务类型	校区
1	A	食堂	第四校区	20	T	充值点	第三校区
2	B	图书馆	第二校区	21	W	充值点	第三校区
3	C	食堂	第二校区	22	X	商场	第三校区
4	D	食堂	第二校区	23	Y	商场	第三校区
5	E	食堂	第三校区	24	Z	充值点	第二校区
6	F	食堂	第三校区	25	a	充值点	第三校区
7	G	食堂	第三校区	26	b	商场	第三校区
8	H	商场	第二校区	27	d	充值点	第一校区
9	I	食堂	第一校区	28	e	体育场馆	第二校区
10	J	实验室	第四校区	29	f	医院	第二校区
11	K	实验室	第二校区	30	g	充值点	第二校区
12	L	实验室	第三校区	31	h	医院	第一校区
13	M	商场	第三校区	32	j	收费	第二校区
14	N	商场	第四校区	33	m	医院	第四校区
15	O	充值点	第四校区	34	n	充值点	第四校区
16	P	充值点	第二校区	35	q	实验室	第二校区
17	Q	充值点	第四校区	36	r	食堂	第三校区
18	R	充值点	第二校区	37	t	医院	第二校区
19	S	充值点	第二校区	38	y	实验室	第一校区

4.6.2　系统实现和运行环境

自主开发了基于过程挖掘的一卡通 RFID 数据分析系统，该系统采用 C/S 和 B/S 混合架构，数据预处理和数据分析功能采用单用户 C/S 模式，决策支持功能采用多用户 B/S 模式，便于管理部门通过标准浏览器查阅。开发语言为 Java。

数据源、历史数据库和数据仓库采用 SQL Server 2005 数据库存储。Web 服务器为 Tomcat 7。

4.6.3　数据预处理和日志转换

集成数据来自 38 个业务点，6 个源数据库。时间范围：2012-1-1 至 2014-12-31。原始数据约 2875 万条，经过数据预处理后进入数据库约 1264 万条。还有其他维度数据约 2 万条，参见表 4-3。

表 4-3　数据量变化

数　据　源	原　　始	清　　洗	合　　并
医院、体育场所和其他	70694	67326	67326
实验室	549315	548318	548318
食堂	24592438	24334415	8482497
超市	968528	968528	968528
充值点	809284	805040	805040
图书馆	1769142	1769142	1769142
合计	28759401	28492769	12640851

通常数据清洗阶段任务包括字段不一致，数据不完整，重复等问题的处理。本案例中，由于一卡通系统规定半年结算，因此出现数据不完整和重复数据的情况非常少，只存在少部分已处理的问题数据。因此主要数据清洗任务是字段不一致和去除非学生用户以及问题数据。

数据合并阶段主要是对某些业务点特殊的刷卡数据进行合并处理。例如食堂点餐是短时间内多次刷卡，那么约定 2 小时内在同一食堂的刷卡数据可合并为一条数据，即业务操作时间参数 t_O 为 2 小时。经过处理，食堂数据从清洗后的 2400 多万条减少至 848 万条。既降低了数据规模，也减少了食堂活动重复出现。

合格的数据导入历史数据，可进行基于 Ad-Hoc 的分析查询，例如采用 SQL 语言。下文根据要求，建立三个主题的数据仓库数据集：

（1）基于活动关联主题，事实表包括用户标识、业务点、发生时间，维度表包括用户信息、活动信息、时间信息；

（2）基于消费特征主题，事实表包括用户标识、业务点、发生时间、消费额，维度表包括用户信息、活动信息、时间信息、消费额信息；

（3）基于业务特征主题，事实表包括用户标识、业务类型、发生时间、消费额，维度表包括用户信息、业务类型信息、时间信息、消费额信息。

然后根据不同的维度，划分为多个数据集市：

（1）按发生时间划分，划分参数为年、月、学期；

（2）按活动类型划分，划分参数为 7 类业务类型；

（3）按校区划分，划分参数为 4 个校区；

（4）按用户生源地划分，划分参数为省外、省内。

在转换为 XES 日志时，采取两种方式：

（1）不考虑频度，把代表行为轨迹转为 XES 日志，优点是数据规模小，生成模型快，缺点是不考虑频度，模型结果会部分不符合实际情况；

（2）考虑频度，把发生的行为轨迹转为 XES 日志，优点是根据频度可产生与实际更符合的模型，缺点是会把正常但频度小的行为认为是噪声过滤掉，处理速度慢。

此外，增设两个活动方便构造业务模型，包括：BOD 代表过程的开始，EOD 代表过程的结束。

从表 4-4 看出，活动执行序列远大于代表序列，说明存在频繁重复的活动序列。

表 4-4　2012—2014 年 XES 事件日志特征

特　　征	值
活动执行序列（trace）	6397646
代表序列（distinct trace）	49589

4.6.4　多角度过程挖掘

本节介绍挖掘的内容和方式。从表 4-5 可了解到，将进行四类挖掘分析。其中生活区域采用主流的过程挖掘算法挖掘控制流模型。其他在控制流维度基础上，结合其他维度，开展联合分析。

表 4-5　多角度过程挖掘分析应用类型

分析类别	方　　法	数据结构	作　　用	案　　例
生活区域	控制流维度	控制流挖掘算法	密集生活区域	校园管理
区域流量	控制流，活动，时间维度	业务点关联表、业务点关联分时表	交通监控、服务资源优化	保卫处、图书馆
行为特征	控制流，时间维度	行为轨迹串表、行为特征表	生活质量、异常行为检测	学生处、实验室
消费水平	控制流，消费额维度	行为轨迹串表、业务点关联分时表	消费特征、业务优化	学生处、超市、食堂

4.6.5 生活区域挖掘

本节介绍采用 α' 算法、$\alpha{++}$ 算法和 inductive miner 算法对一卡通 RFID 进行控制流挖掘。选取的原因是 $\alpha{++}$ 算法在基于 WF-net 的过程发现算法中挖掘能力最强，可识别短循环、非自由选择结构和隐含任务。inductive miner 算法则采用概率和过程树的方法生成块结构的过程模型，支持模型自动重播和执行序列频度统计。

挖掘的日志数据为 2012—2014 年的数据，根据测试情况，采用任何的 ProM 或其他学术用途的分析工具都无法处理全部 600 多万条行为轨迹数据。因此对日志进行压缩，得到代表行为轨迹 49589 条，涉及事件 36 万多个。图 4-8 还显示了行为轨迹的长度等信息。

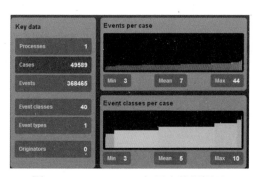

图 4-8　2012—2014 年日志数据概况

图 4-9 是各个业务点活动的比例，看到图书馆（任务 B）数量最多。

Number of audit trail entries: **40**

Model element	Event type	Occurrences (absolute)	Occurrences (relative)
B		73096	19.838%
BOD		49589	13.458%
EOD		49589	13.458%
C		33224	9.017%
D		24625	6.683%
K		16193	4.395%
E		16033	4.351%
H		13414	3.641%
Z		8258	2.241%
F		8089	2.195%

图 4-9　2012—2014 年日志活动比例

首先采用第 3 章提出的 α' 算法，图 4-10 显示了挖掘结果，可看到很多变迁并没有在 WF-net 表示的模型中，原因是这些变迁对应的业务活动既呈现重复执行，同时与其他活动有因果依赖关系，即短循环结构中的活动还处于其他并行结构中。这时 WF-net 是不合理的 SWF-net。因此 α' 算法可以发现短循环结构，但是不支持挖掘不符合 SWF-net 定义的依赖关系。

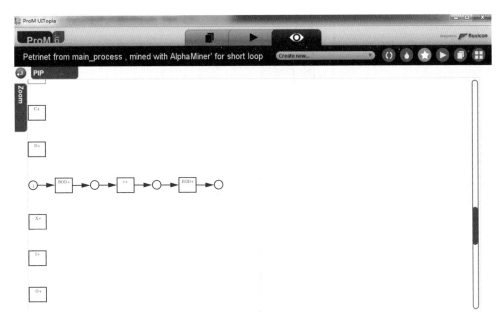

图 4-10　采用 α' 算法构造的 WF-net 模型

下面采用 $\alpha++$ 算法进行挖掘，图 4-11 是挖掘得到的 WF-net 表示的过程模型。挖掘过程速度非常快，采用第 3 章使用过的符合性检查指标评估模型，得到适合度指标 fitness=0.8867，行为合适度指标 a'_B =0.36 和结构化合适度指标 a_S as=0.91。这说明该模型能描述大部分日志中的行为，网结构简洁，使用的连接库所较少。但是描述行为的准确度较低，说明存在大量日志没有的额外行为。从图 4-9 也看到，大部分的变迁连接到同一个共同库所，形成短循环结构，因此存在很多组合执行路径。相比 α' 算法，$\alpha++$ 算法得到了模型可能不是合理的 SWF-net，这并不利于模型的分析。这也是大部分过程发现算法，特别是可处理噪声日志的算法存在的问题。

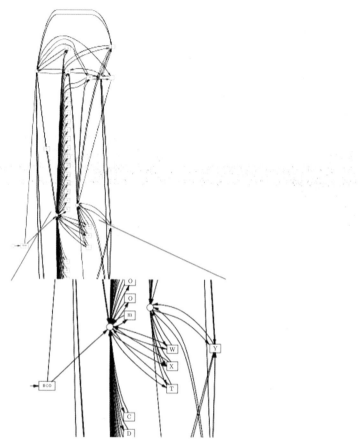

图 4-11　采用 $\alpha++$ 算法构造的 WF-net 模型

最后使用 inductive miner 算法进行挖掘。采用缺省参数活动比例 = 1，路径比例 = 0.8。活动比例越高，展示的结果只包括出现频度高的活动，路径比例越低则出现频度低的路径不参与挖掘。挖掘结果见图 4-12 和图 4-13。

由于一卡通数据并没有明显的业务过程约束，因为需要多方面观察过程模型中隐含的知识。从图 4-13 中看到多个任务处于同一个并行结构中。这说明这些业务点经常按不同的次序执行。通过对照业务点分布图 4-7，发现业务点（A、J、Q、m、O、n、N）都处于第 4 校区，而且距离其他几个校区较远。

由此，可通过控制流维度的挖掘，从得到的过程模型发现了密集生活区域。

除了采用 $\alpha++$ 算法和 inductive miner 算法外，本文还使用了主流的 heuristic miner 和 genetic miner 算法挖掘，表 4-6 是 4 种主流算法的比较。

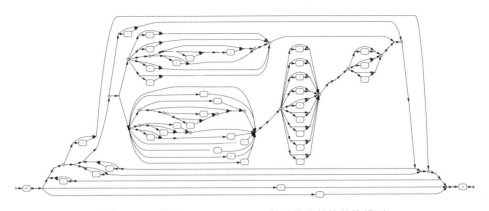

图 4-12　采用 inductive miner 算法构造的块结构模型

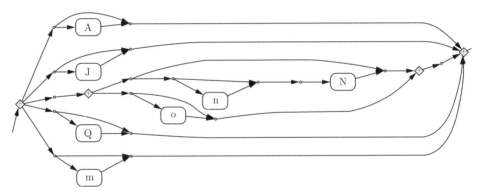

图 4-13　采用 inductive miner 算法得到的并行区域之一

表 4-6　主流过程发现算法应用效果对比

算　法	原　理	效　果	改　进
$\alpha++$	事件次序关系	速度快,结构清晰、无法处理噪声	要提高行为合适度,改善面条式的结果,提高理解度
inductive miner	基于概率和过程树	速度可接受,理解程度高,动态播放	提供结果评测方法,优化算法提高准确度
heuristic miner	基于频率的依赖关系	速度一般,理解程度好,难以测试模型质量	提高噪声处理能力和提供结果评测方法
genetic miner	采用遗传算法对依赖关系交叉变异	速度较慢,理解度高	优化算法提高准确度和速度

4.6.6 区域流量分析

本节结合时间维度，通过统计业务点间的关联频度得出用户前往各业务点的时空特征，对校区交通、安全和服务资源优化提出决策建议。

1. 交通监控分析

（1）业务管理需求。

校内连接各业务点的通道是否畅通是保卫部门的重点监控任务。通过业务点关联分析，可掌握校内各通道的繁忙时段，有助于合理安排人员和提高安全保障。

（2）分析过程。

采用控制流和时间维度。由于在 XES 日志中包括了单活动过程和多活动过程，因此需要筛选出具有 4 个以上活动的案例，再进行分时流量统计。

首先得到业务点关联表，数据量为 6226434 条。表 4-7 是业务点关联表示例。第一行数据表示用户 2009101545，2012-09-11 11:19:44 在业务点 W 使用服务，然后 2012-09-11 12:13:07 在业务点 F 使用服务，其中 W 为食堂充值点，F 为食堂，说明该用户充值后到食堂就餐。

表 4-7　业务点关联表示例

UID	Pevent	Sevent	Ptime	Stime
2009101545	W	F	2012-09-11 11:19:44.000	2012-09-11 12:13:07.000
2009101548	F	b	2012-06-15 12:19:46.000	2012-06-15 15:05:15.000
2009101549	E	F	2012-05-08 12:25:48.000	2012-05-08 18:31:08.000
2009101550	F	b	2012-05-22 18:14:48.000	2012-05-22 22:30:14.000
2009101553	W	F	2012-02-14 17:12:24.000	2012-02-14 18:21:32.000
2009101554	F	F	2012-04-18 12:14:43.000	2012-04-18 18:15:31.000
2009101556	E	B	2012-04-16 12:32:26.000	2012-04-16 15:55:58.000
2009101558	C	f	2012-05-22 18:40:22.000	2012-05-22 18:59:40.000
2009101559	B	B	2012-04-13 14:58:59.000	2012-04-13 20:15:25.000
2009101561	F	F	2012-03-20 10:25:48.000	2012-03-20 18:25:57.000
2009101602	b	F	2012-03-23 15:39:28.000	2012-03-23 18:30:07.000

在业务点关联表的基础上，假设统计时间段，可得到业务点关联分时流量表。虽然可以定义任意的时间段，但如果时间跨度太大，统计结果不一定有意义。

表 4-8 按一天的小时流量表可观察到一天内业务点的业务量变化情况，对业务管理部门更有指导价值。

表 4-8　业务点关联分时流量表前 20 位

Pevent	Sevent	Btime	Etime	Count
A	A	16	18	287818
A	A	10	12	280075
F	F	16	18	212974
C	C	16	18	186451
E	E	16	18	170091
A	A	19	21	145412
D	D	16	18	137433
C	C	10	12	127123
B	C	10	12	125291
G	G	16	18	117611
D	D	10	12	108501
A	N	22	24	89575
B	C	16	18	81480
B	B	16	18	80194
B	E	10	12	67810
C	B	13	15	61515
A	A	22	24	60780
A	J	13	15	60706
B	B	13	15	58885
D	D	19	21	58203

表 4-8 第一行数据表示：用户在业务点 A 就餐后，再到业务点 A 就餐的人数，在 2012—2014 年每天的 16—18 点时间段内为 287818 人次。

表 4-8 列出了最大流量的前 20 个业务点关联，由 9 个业务点产生。通过图 4-14 可知，业务点 A 和 C 流量最大，属于食堂类型。

进一步查看 C 的分时流量情况。

结合表 4-9 和图 4-15，可了解到业务点 C 的业务量高峰在晚上，晚上 19 点后业务量急剧下降。此外，与 C 关联的为业务点 B，C，D，E，其中 C，D，E

为食堂，B 为图书馆。从业务点关联看，B 为业务量最多的非食堂类业务点。

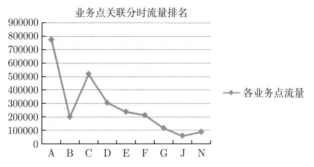

图 4-14　2012—2014 年业务点关联分时流量前 20 位

表 4-9　业务点 C 的关联分时流量表

Pevent	Sevent	Btime	Etime	Count
C	C	10	12	127123
B	C	10	12	125291
D	C	10	12	31423
C	C	16	18	186451
B	C	16	18	81480
D	C	16	18	38332
E	C	16	18	15369
C	C	19	21	56995
B	C	19	21	26294
D	C	19	21	10739

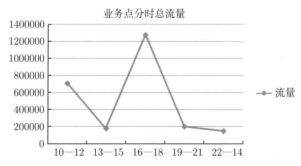

图 4-15　2012—2014 年业务点分时总流量趋势

（3）管理决策建议。

B、C、D 处于同一生活圈，就 C 而言，高峰期在 16—18 点，从图 4-16 的全校分时流量可看出高峰期也在 16—18 时段。因此在 16—18 时段应加强该区域的交通流量监控，其他时间段特别是早上和晚上可以适当调整服务资源配置。

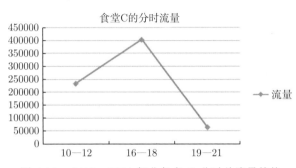

图 4-16　2012—2014 年业务点 C 分时总流量趋势

2. 服务资源优化

（1）业务管理需求。

尽可能满足用户需求和减少服务资源是每个业务点都要解决的矛盾。以图书馆（活动 B）为例，通过业务量和业务点关联分析，掌握了用户入馆的时间、数量及来源特征，据此可进行不同服务时间段的服务资源配置，包括管理人员、开放的计算机、开放时间段等，参见图 4-17。

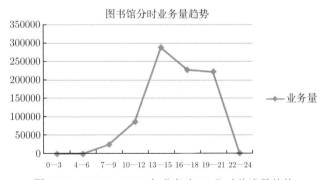

图 4-17　2012—2014 年业务点 B 分时总流量趋势

（2）分析过程。

从表 4-10 可看到，该业务点年均入馆人数达 60 万人次/年，用户数 2 万余人，属于业务量较大的业务点。

表 4-10   2012—2014 年图书馆业务量特征

特　　征	值
事件数	1771745
活动执行序列（trace）	1290497
代表序列（distinct tract）	37934
用户数	20948

从表 4-11 的业务点分时总流量表可看到，业务量较为集中的时间段依次为 13—15 点、16—18 点和 19—21 点，上午入馆人数较少。

表 4-11   业务点 B 的分时总流量

时　间　段	业　务　量
13—15	287068
16—18	226560
19—21	221729
10—12	86458
7—9	25259
22—24	1834
4—6	32
0—3	0

从表 4-12 的业务点关联分时流量分析可发现前关联业务点集中在 B、C、E、D、F。除了 B 为图书馆外，其余活动均为食堂。暗示多数用户在吃饭后入馆，也有相当比例用户至少半天入馆两次。另外可注意到，相当比例的用户在两次入馆期间并没有在校内食堂就餐，这可结合食堂的业务量情况进行食堂绩效分析。

（3）管理决策建议总体业务量达 60 万人次/年，馆内通道要畅通，加强安全监控，检查消防设施。业务量高峰集中在午后至晚上，其余时间段业务量大幅减少可合理安排不同时间段的服务资源调配，在午后至晚上注意人流集中造成的安全和服务资源不足问题，例如占位、自修室、借还书等。大部分用户在食堂就餐后入馆，要注意监控从食堂到图书馆的通道拥堵情况，特别是午后至晚上的时间段。

表 4-12　业务点 B 的分时流量表前 15 位

Pevent	Sevent	Btime	Etime	Count
B	B	16	18	80194
C	B	13	15	61515
B	B	13	15	58885
B	B	19	21	57598
E	B	13	15	54720
C	B	19	21	53510
D	B	13	15	51272
B	B	10	12	50758
D	B	19	21	40749
C	B	16	18	39689
E	B	19	21	32326
E	B	16	18	28562
D	B	16	18	28393
F	B	13	15	26132
F	B	16	18	16804

4.6.7　用户行为特征分析

1. 了解用户行为特征

（1）业务管理需求。

学校主管教学、学生、后勤服务等方面的部门有必要掌握学生的学习和生活状态，对不正当的现象要查找原因，及时纠正。对校园服务欠缺的地方，要调整资源提高服务质量，同时找出潜在的不安全因素也非常重要。

（2）分析过程。

一卡通应用的行为特征是用户在某个时间段的行为规律，通过控制流、时间和业务类型维度综合分析，可观察到大多数用户使用服务的特点，从而调整服务资源实现最大群体的服务质量。采用前面的用户行为特征统计算法可以得到下面的用户行为特征。表 4-13 是发生次数大于 1 万次的行为轨迹，通过业务点的业务类型映射，可得到表 4-14 的行为特征统计。

表 4-13 发生次数大于 1 万次的行为轨迹

行为轨迹串	行为特征	数量	行为轨迹	行为特征	数量
,A	食堂	479506	,E,B	食堂-图书馆	24295
,F	食堂	367192	,Y	商场	24271
,A,A	食堂-食堂	355992	,T,E	充值点-食堂	24124
,E	食堂	344468	,b,b,b	商场-商场-商场	23729
,D	食堂	292397	,J,A,A	实验室-食堂-食堂	22827
,B	图书馆	276513	,E,M	食堂-商场	22269
,C	食堂	234323	,F,Y	食堂-商场	21428
,g	充值点	169744	,B,D	图书馆-食堂	21102
,F,F	食堂-食堂	163142	,S,C	充值点-食堂	20355
,A,A,A	食堂-食堂-食堂	133913	,A,J,A	食堂-实验室-食堂	19371
,D,D	食堂-食堂	129206	,X	商场	19332
,C,C	食堂-食堂	128242	,A,Q,A	食堂-充值点-食堂	18332
,E,E	食堂-食堂	122337	,C,C,H	食堂-食堂-商场	17411
,H	商场	104687	,I,H	食堂-商场	16350
,G,G	食堂-食堂	91544	,D,D,H	食堂-食堂-商场	16160
,b,b	商场-商场	60931	,Q,A,A	充值点-食堂-食堂	16122
,I,I	食堂-食堂	50979	,a,G	充值点-食堂	16029
,D,H	食堂-商场	43977	,B,C,C	图书馆-食堂-食堂	15872
,L	实验室	42854	,D,B	食堂-图书馆	15275
,M	商场	42677	,F,E	食堂-食堂	15109
,C,H	食堂-商场	39346	,A,J	食堂-实验室	14934
,C,C,C	食堂-食堂-食堂	37822	,C,B	食堂-图书馆	14906
,Q,A	充值点-食堂	35698	,R	充值点	14671
,W,F	充值点-食堂	35669	,G,G,X	食堂-食堂-商场	14311
,A,N	食堂-商场	35144	,O	充值点	13857
,P,D	充值点-食堂	35020	,d,I	食堂-食堂	13592
,F,B	食堂-图书馆	32783	,W,F,F	充值点-食堂-食堂	13400
,D,D,D	食堂-食堂-食堂	32617	,B,F	食堂-食堂	13175
,B,K	食堂-实验室	32589	,E,F	食堂-食堂	13169
,J,A	实验室-食堂	30731	,E,G	食堂-食堂	11174
,b,E	商场-食堂	30709	,L,E	实验室-食堂	11100

行为轨迹串	行为特征	数量	行为轨迹	行为特征	数量
,C,D	食堂-食堂	30473	,F,F,b	食堂-食堂-商场	10873
,D,C	食堂-食堂	30172	,E,C	食堂-食堂	10859
,J	实验室	28498	,D,P,D	食堂-充值点-食堂	10365
,B,C	图书馆-食堂	28463	,F,W,F	食堂-充值点-食堂	10257
,A,A,N	食堂-食堂-商场	28086	,P,D,D	食堂-食堂-商场	10135
,G,X	食堂-商场	26927	,B,H	图书馆-商场	10118
,N	商场	26093	,E,E,M	食堂-食堂-商场	10049

表 4-14　行为特征统计

行 为 特 征	频　度	计　数
食堂	5	1717886
食堂-食堂	15	1164056
图书馆	1	276513
商场	5	217060
食堂-商场	7	205441
食堂-食堂-食堂	3	204352
充值点	3	183601
充值点-食堂	6	166895
食堂-食堂-商场	7	107025
食堂-图书馆	4	87259
实验室	2	71352
商场-商场	1	60931
图书馆-食堂	2	49565
食堂-实验室	2	47523
实验室-食堂	2	41831
食堂-充值点-食堂	3	38954
商场-食堂	1	30709
充值点-食堂-食堂	2	29522
实验室-食堂-食堂	1	22827
食堂-实验室-食堂	1	19371
图书馆-食堂-食堂	1	15872
图书馆-商场	1	10118

通过分析发现：

- 充值与食堂活动一起频率高；
- 食堂行为发生次数和频次很高，占总次数的 70%。但是一天只吃 1 次食堂的，有 7 个行为，29 频次，占食堂的总次数 61.4%。吃 2 次的，有 7 个行为，25 频次，占 32.6%。吃 3 次的，只占 6%。

（3）管理决策建议。

- 增加自助充值方式，减少充值点的工作量；
- 调查食堂就餐次数少的原因，联合食堂、学生代表和管理部门人员座谈；
- 对学生开展食品安全讲座，提醒注意饮食卫生和健康生活方式。

2. 异常行为检测

（1）业务管理需求。

异常刷卡行为是指不遵守管理规定的刷卡行为，在此不考虑错误的刷卡情况。也就是异常刷卡行为在数据记录上是正确的，但是属于不符合常理、有潜在不安全因素的。

（2）分析过程。

由于数据是正确，因此不容易检测出异常刷卡行为。下面基于业务点关联表，结合控制流、时间和业务类型维度，进行异常刷卡行为检测。设定两次同业务点刷卡时间在 2 分钟内，对有同一业务点关联的案例进行检测。结果如表 4-15 所示。

表 4-15　发生异常行为的业务点

业 务 类 型	业 务 点	异 常
热水充值点	O, R	是
食堂充值点	a, d, P, Q, S, T, W	否
网络中心充值点	g, n, Z	否
实验室	J, K, L, y	是
图书馆	B	是
医院	f, h, m	是
游泳馆	e	是

根据业务点的类型进行异常刷卡行为判断，充值点的刷卡行为是工作人员操作的（不考虑自助充值），因此排除了异常，但要思考为何短时间内用户要多次充

值。属于异常的有实验室、图书馆、医院和游泳馆。下面给出原因和对策。

（3）管理决策建议。

表 4-16 是发现异常数据后，到业务点与操作人员和实现系统的技术人员了解情况后得到的原因，并提出管理决策建议。

表 4-16　异常行为的原因及对策

业 务 类 型	异 常 原 因	管 理 对 策
实验室	用户以为刷卡不成功，重复刷卡；用户逃课，刷卡两次系统认为是上课和下课	改进管理软件功能：刷卡给出明显提示，减少误刷卡；根据实验课表，若用户短时间内刷卡两次，记录考勤并给出明显提示
图书馆	用户以为刷卡不成功，重复刷卡；门禁偶尔出现故障，需重复刷卡	刷卡给出明显提示；检修门禁
医院	属于正常开药行为，因为软件的药方窗口较小，当药品太多时，需要拖拉滚动条。为方便，分为两张药方录入	调查药方的药品平均数量，调整软件界面，减少分药方的情况
游泳馆	本单位职工带多位用户游泳，一卡刷多次；对于非本单位用户，管理员卡代刷卡。管理员卡是正常行为。对于使用他人卡消费存在安全隐患	应在管理软件提供用户照片信息、不允许连续刷卡等功能

4.6.8　消费特征分析

1. 用户日常消费特征

（1）业务管理需求。

学生是校园用户的主体，其消费水平特征与学生生活质量、校园业务点物价控制、提升业务点服务质量等主体有重要关联。学校后勤部门有强烈的业务管理需求。

（2）分析过程。

本节结合控制流和消费额维度，分析总体全校学生的消费水平特征，然后分析某商场业务点的经营数据，并提出营销决策建议。同时选取一家商场进行特定业务点消费特征分析。

首先分析用户的行为轨迹的消费额，了解一天的消费额度，掌握消费水平。表 4-17 是全校消费区间统计。通过统计，可看到学生一天的消费额最大为 567.50 元。最大的消费中都包括考试费，最小的消费中只包含上机费。平均消费水平为 7.95 元。大部分学生的一天消费额在 50 元以下，10～30 元区间最密集，参见图 4-18。但是需要注意的是，结合上面的生活特征分析结果，占一天消费比例较高的吃饭开支，可能部分在校外消费。因此刚才的统计结果应比实际情况低。

表 4-17　全校消费区间统计

区　　间	消　费　额	轨　迹　数
500 以上	3278.80	6
400～500	7262.40	17
300～400	4189.90	12
200～300	53749.48	201
100～200	1151303.51	8157
50～100	484665.06	7767
30～50	1641221.07	45350
10～30	19485536.24	1361442
5～10	17221392.68	2423034
1～5	6438258.80	1935545
1 以下	36272.78	70230
合计	46527130.71	5851761

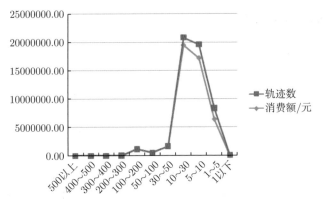

图 4-18　2012—2014 年全校消费区间统计

2. 特点业务点消费特征分析

（1）业务管理需求。

外单位承包的业务点希望了解业务情况，以改进商业策略，提高经济效益。以业务点 H 为例，可获得以下效益：通过业务量分时统计，掌握了学生购物习惯，为优化工作人员排班和调整服务时间提供了有价值的建议；通过业务点关联分析，掌握了消费人群的地域位置，有助于营销方案的制定；通过消费特征统计，了解学生的消费水平，有助于优化商品种类。

（2）分析过程。

首先给出业务点 H 总体消费特征，如表 4-18 所示。结果显示平均消费额为 7.89 元，略低于全校人均消费 7.95 元。

表 4-18　业务点 H 消费统计

统 计 量	统计结果（所有）	统计结果（只有 H）	占 比
消费总额	5970191.53	3637711.11	60.93%
消费次数	444613	460485	103.57%
消费水平	13.42	7.89	58.83%

再看业务点关联分时流量统计，表 4-19 是与 H 关联流量最前的 10 个业务点记录。

表 4-19　业务点 H 关联分时流量前 10

Pevent	Sevent	Btime	Etime	Count	Sum of cost
C	H	22	24	52568	
D	H	22	24	51596	
C	H	19	21	34942	
D	H	19	21	32182	
B	H	22	24	22092	
I	H	22	24	16176	
B	H	19	21	16141	
D	H	16	18	14439	
C	H	16	18	14061	
I	H	19	21	8394	

可观察到两个特征：在 H 的前关联业务点为 B，C，D，I；时间段集中于晚上 19—24 点，且越晚交易量越大。

继续分别考察 B、C、D 在相同和前一时间段的数据，可发现：在 H 业务点交易量最大的时候，B、C、D 的刷卡量急剧减少，但在前一时间段 16—18 点，三者的刷卡量很大，H 交易量较少。

结合表 4-20 和图 4-19 的业务点 H 分时总交易量，可看出交易高峰从早上到晚上逐渐上升。值得注意，从单均消费额，最高的时间段为 0—3、19—21 和 10—12 点。

表 4-20　业务点 H 分时业务量趋势

时　间　段	业务量	消费额	单均消费额
22—24	194811	1439299.93	7.39
19—21	141994	1232399.05	8.68
16—18	61761	451111.6801	7.30
13—15	30450	257072.7199	8.44
10—12	25316	214135.68	8.46
7—9	4055	24697.87	6.09
0—3	2098	18994.18001	9.05
4—6	0	0	0

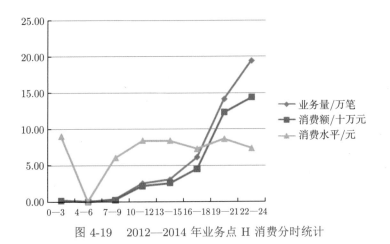

图 4-19　2012—2014 年业务点 H 消费分时统计

（3）管理决策建议。

以上分析给出提示：学生到商场的时间段趋向晚上，要在该时间段增加店内商品和服务资源；前个业务点都在 H 附近，说明这是主要消费人群密集区域；从单均消费额分布的时间段看，要提高 22—24 点的单均消费额。在 19—21 点之间，BCD 人数增多，然后在 22—24 点向 H 转移，中间的交通和安全防范值得注意。

　　本节通过一个实际应用案例，验证了本章提出的过程挖掘在一卡通 RFID 数据分析的方法和相关算法，结果表明方法有效，算法分析能得出有益的管理决策建议。在过程挖掘的技术中，这里只采用了基本的控制流挖掘方法，在时间、消费额和业务类型等维度的分析方法也多为控制流维度结合统计分析技术。

第5章

基于语义的过程挖掘技术

人工智能时代，通过挖掘信息系统中用户行为数据，发现蕴含的社会发展规律和趋势成为可能。物联网、移动互联网技术的飞速发展催生了大量的移动对象时空轨迹（Spatio-Temporal Rrajectories，STR）数据，这些数据蕴含了群体对象的泛在移动模式与规律，还揭示了社会演化的内在机理，有重要的应用价值。轨迹数据挖掘已成为数据挖掘领域的一个重要新兴分支，是当前的研究热点。轨迹数据挖掘主要包括模式挖掘和语义分类两种。模式挖掘侧重轨迹路径，研究成果较多，但不易解释用户行为。语义分类则同时关注路径和语义，是新兴研究分支，受到广泛关注。主要方法有动态贝叶斯网络、隐马尔可夫模型、条件随机场、高斯混合模型、主题模型、聚类等。本章把过程挖掘技术与轨迹数据挖掘融合，介绍基于主题模型（LDA）的语义轨迹挖掘方法。

5.1 轨迹挖掘概述

分析人类世界各种移动对象的轨迹以发现隐含的行为模式和社会演进规律，一直是研究者关注的重要问题。尤其在当前物联网应用已广泛应用在社会各领域的背景下，移动对象轨迹通过射频识别技术（RFID）、传感器、日志记录等形式存储，促进了轨迹挖掘技术的高速发展。目前对轨迹挖掘的文献分析较为主观，而采用知识图谱技术可客观梳理文献的研究特征和隐含的共现关系。鉴于此，本节以国内近 5 年轨迹挖掘研究文献为对象，采用文献识别与科学计量分析的方法，研究两个问题：

（1）轨迹挖掘研究的演进规律；

（2）总结轨迹挖掘研究的特征，指出下一步研究重点方向。

其间，借助 SATI 和 VOSviewer 知识图谱工具辅助分析，增加文献分析的客观性和减少人工劳动。

5.1.1　研究设计

1. 文献识别和收集

以中国知网（CNKI）作为数据来源和检索工具，采用高级检索方式，按照"主题"为"轨迹挖掘"逻辑检索，时间范围为 2016 年 5 月—2021 年 5 月年共 5 年，检索到中文文献 238 篇。剔除与轨迹挖掘研究无关文献后，得到文献 232 篇。

2. 研究方法

根据研究问题，采取文献识别与科学计量的研究方法，分析目标包括：文献特征及研究特征，如表 5-1 所示。文献特征包括出版年份、作者及期刊来源，用于分析文献的基本特征。研究特征包括研究主题，用于分析文献蕴含的研究规律。

表 5-1　轨迹挖掘研究文献分析框架

一 级 编 码	二 级 编 码	分 析 用 途	分 析 方 法
文献特征	出版年份	年发文量分析	SATI
文献特征	期刊	文献来源分析	SATI
文献特征	作者	作者来源分析	SATI
研究特征	研究主题	研究热点分析	VOSviewer

根据分析目的和数据类别的不同，采用合适的分析方法。文献特征采用 SATI 文献分析工具分析；研究主题采用 VOSviewer 知识图谱工具。

5.1.2　轨迹挖掘研究的演进规律

1. 文献特征分析

（1）年发文量分析。对筛选文献发文时间进行统计，如图 5-1 所示。轨迹挖掘研究发文量从 2016 年开始逐年增加，尤其是 2016—2018 年该研究领域文献数量呈现急剧增长趋势，分别是 18 篇、45 篇、63 篇，反映我国轨迹挖掘研究热度处于上升趋势。

（2）文献来源分析。对文献的来源期刊及载文量进行分析发现，前 5 名期刊载文量共 17 篇，占文献总数的 18.46%，如表 5-2 所示。其中《计算机应用》《计算机应用研究》2 个期刊占文献总数的 11.95%，表明我国轨迹挖掘研究与社会应用联系紧密。

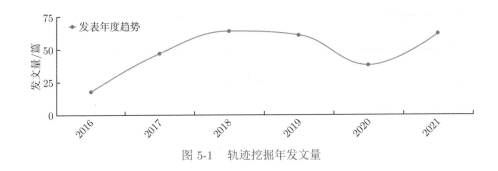

图 5-1　轨迹挖掘年发文量

表 5-2　轨迹挖掘研究期刊及其载文情况

序　号	期 刊 名 称	载 文 量	占文献总数比例
1	计算机应用	6	6.52%
2	计算机应用研究	5	5.43%
3	地球信息科学学报	2	2.17%
4	数字技术与应用	2	2.17%
5	数据采集与处理	2	2.17%
/	合计	17	18.46%

作者来源分析。对文献的全部作者分析,所在研究单位人数最多前 5 名如表 5-3 所示。南京师范大学、中国科学院等大学和研究机构是轨迹挖掘研究的主要力量,作者共 20 人次,占文献总数的 12%。另外,如南京工业大学、南京理工大学等也在研究单位之列,表明南京高校已形成有规模的轨迹挖掘研究团队。

表 5-3　轨迹挖掘研究文献的研究单位作者人次排名情况

序　号	研 究 单 位	作者人次	占文献总数比例
1	南京师范大学	11	6.79%
2	中国科学院大学	3	1.85%
3	中国科学院新疆理化技术研究所	2	1.23%
4	信息工程大学	2	1.23%
5	北方工业大学	2	1.23%
/	合计	20	12.33%

2. 研究特征分析

（1）关键词词频及共现分析。为提高规范性和知识图谱可理解度，需建立关键词数据字典对关键词进行归一化处理，方法包括合并名称相近关键词和含义相同关键词，得到 702 个关键词。图 5-2 是采用 VOSviewer 工具的分析结果，其中前十大高频关键词是轨迹挖掘、轨迹数据、轨迹聚类、出租车轨迹、轨迹、语义轨迹、可视化、频繁模式、热点区域、GPS 轨迹。值得注意，频次为 1 的关键词多达 610 个，表明轨迹挖掘应用领域广泛、涉及关键技术多样、研究处于百家争鸣阶段。

图 5-2　轨迹挖掘研究关键词词频及共现分析知识图谱

（2）关键词聚类密度分析。轨迹挖掘研究关键词聚类密度分析知识图谱如图 5-3 所示。可发现，图谱以轨迹挖掘为热点中心，根据关键词相互的共现关系形成轨迹聚类、轨迹数据、出租车轨迹、语义轨迹等较大聚类区域，还有若干较小聚类区域。

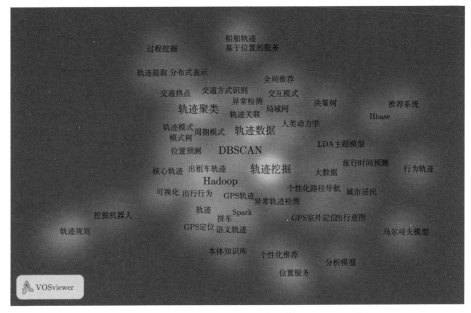

图 5-3   轨迹挖掘研究关键词聚类密度分析知识图谱

5.1.3   我国轨迹挖掘研究特征

1. 轨迹聚类

研究者主要根据解决问题需要，对主流的 K-means、DBSCAN 等聚类算法进行改进，目的是对轨迹分类。朱敬华对传感器网络中多目标不确定轨迹，采用马尔可夫链模型表示，根据轨迹相似性改进 K-means 算法进行聚类分组。朱姣改进 DBSCAN 算法计算分叉航道内船舶行为模式，为水上监管人员提供水域交通态势。朱家辉改进 K-means 算法，采用时间维度和轨迹中的空间差异性语义将交通网络划分为单个密集时间的交通网络区域。赵淼佟以轨迹数据的空间属性和时间属性进行轨迹聚类分析，发现用户的运动规律和行为模式，并为用户提供不同时段的有针对性的推荐服务。赵端从矿井下人员轨迹的关键位置序列数据聚类为关键区域，从而发现人员的日常轨迹，再利用关键区域和轨迹结构相似度筛选出异常轨迹。张翔宇采用聚类算法从用户 GPS 轨迹中自动挖掘兴趣地点。

2. 轨迹数据

相比于轨迹聚类的分类作用，对轨迹数据的预处理是实现轨迹挖掘的质量根本。由于轨迹数据类别繁多，研究者需要根据数据的特点和挖掘应用的需要，研究针对某类轨迹数据的预处理技术。朱家辉利用均值滤波器、快速排序算法修复轨迹漂移点并剔除冗余数据，提出基于双重偏移限制的轨迹分段压缩算法，识别特征点完成分段压缩以实现轨迹质量优化提升。赵雨娟提出面向车间 RFID 生产数据的清洗模型，解决生产数据质量中数据异常和冗余问题。赵梁滨针对琼州海峡水域的船舶 AIS 轨迹数据，采用子轨迹长度和量化压缩精度的方法，使用 Douglas-Peucker 算法压缩数据量又保留原数据的交通流特性。张沛朋针对巨量轨迹数据，采用时间维度、轨迹点速度和曲率属性，划分子轨迹。在停留点提取的问题上，综合考虑轨迹数据的时间，速度，空间等多维属性，提出停留点预选区，张春风研究非结构化车联网大数据存储与处理技术，改进 K-Means 算法对停留点预选区进行聚类提高精度。岳过在室内移动对象的行为模式挖掘预处理过程中，使用 Hadoop 平台与 Spark 计算框架将原始定位信息转换成保留轨迹中关键信息的语义轨迹序列。于文利通过聚类放牧轨迹数据，得到牲畜的不同觅食、进食区域，并计算草场不同区域放牧强度以支持放牧预警机制的研究。

3. 出租车轨迹

出租车都装有 GPS，成为轨迹数据挖掘在交通应用领域的研究热点。研究者主要针对司机、乘客、交通管理部门应用需求展开研究。周伦采用聚类算法从出租车轨迹数据中，挖掘城市的载客热点和载客区域，以设计行车信息推荐服务。郑林江对重庆市出租车轨迹划分成网格单元，统计网格内轨迹点密度来定义城市的热点区域，进而分析重庆市居民出行行为。赵玲计算西安市出租汽车载客热点区域，并以总量统计和时间排序进行区域分类，把公共汽车和出租车数据合并分析，支持完善城市综合交通运输体系。杨振娟从兰州市出租车的 GPS 轨迹数据提取载客时空轨迹。姚锐基于 DBSCAN 聚类统计出租车载客及乘客上车位置和时间段，为司机和乘客推荐最优匹配方案。

4. 语义轨迹

语义轨迹是在时空轨迹上附加有应用信息，以发现蕴含的有价值行为模式。研究者主要根据应用需求语义指导时空轨迹挖掘的同时，得到更为实用的挖掘结果。赵斌综述语义轨迹研究现状与发展，重点讨论模型定义、语义标注技术、多源数据建模，认为未来应关注语义轨迹数据管理、分类和预测、流式数据挖掘、隐私保护、多粒度挖掘、评价方法等方面。吴瑕研究了近似到达时间约束下的语义轨迹频繁模式 AAFP 挖掘方法。刘春采用语义轨迹频繁模式解决拼车需求问题。金莹基于"用脚投票"理论，利用语义轨迹挖掘对用户旅中的兴趣点分类，提高选址准确率、高效性及高适用性。

通过对最新的轨迹挖掘文献分析发现：轨迹挖掘研究已成为数据挖掘领域研究热点，不仅形成南京、中科院等核心研究团队，不少研究者也把支持向量机、深度学习、过程发现等方法引入轨迹挖掘研究，应用领域涉及城市交通、旅游、生产、船舶、矿井、牧场等，研究主要集中在挖掘的数据预处理、挖掘算法和结果解释。时空轨迹是以连续的采样点构成在多个维度上综合形成的曲线，以前研究更多关注轨迹的时空分布，即运动模式，未来的研究应更多集中在语义轨迹研究，因为时空轨迹挖掘的目标是为了发展社会规律进而解决隐含的社会问题。语义轨迹中语义信息融合是研究的难点，尤其是轨迹数据预处理技术，原因是不同的应用会产生异构的轨迹数据和语义维度数据，不仅需要传统的数据抽取、清洗、融合等方法，还需要把聚类、过程挖掘等智能技术从挖掘端前移至挖掘前阶段，以提供高质量和易处理的轨迹数据。在移动对象数量方面分为单体与群体运动模式研究，在挖掘运动模式、规律和异常事件等方面都是持续的研究热点。在数据容量方面，巨量轨迹数据挖掘需要传统轨迹挖掘方法进行创新性改进，包括提高数据预处理效率、采用形式化方法进行模型验证等。同时，面对小规模数据集的边缘计算下的轨迹挖掘未来也应受到更多关注。当前在出租车、船舶、旅游等应用领域已积累较多研究成果，研发领域通用轨迹挖掘分类器系统可进一步扩大轨迹挖掘应用范围，使得研究从理论走向实践，体现轨迹挖掘研究的重要意义。

5.2　基于过程发现和 LDA 的 RFID 轨迹数据挖掘方法

射频识别（RFID）技术是标识移动对象的主流方式，在金融、物流、地铁、旅游、超市、校园卡、企业卡、运动等领域广泛应用。但相比安装 GPS 设备的出租车、公交车等轨迹数据研究，移动对象 RFID 轨迹（RFID-STR）数据挖掘的研究相对滞后。一方面，RFID 轨迹数据虽有时空序列性，但没有明显的业务流程开始和结束标记，RFID 应用业务点间多数没有关联和约束，不同业务点可能存在数据和语义异构，加大了数据预处理的难度；另一方面，特定领域内的移动对象有不同的角色定义、活动环境和语义，现有研究多侧重轨迹挖掘结果，而忽视特定领域的轨迹语义归纳和可视化研究，不能直接应用于 RFID-STR 数据挖掘，较难从挖掘结果解释用户的行为，影响了分析和应用效果。近几年，起源于文本处理的狄利克雷分布模型（Latent Dirichlet Allocation，LDA）凭借提取兴趣主题的多样性和简单性、数据降维、异构数据建模、语义归纳等优点，在手机数据特征提取、出租车轨迹模式、社交数据特征分析、城市功能区分析等语义轨迹挖掘应用取得了较好效果。而过程发现（process discovery）技术已在社会关系挖掘、面向电子邮件的组织结构挖掘和一卡通过程挖掘等非业务流程特征日志数据应用成功使用。把过程发现技术引入 RFID-STR 数据预处理中，可建立基于时间阈值的数据轨迹分段方法，便于进行业务点的关联分析和用户特征模式挖掘。因此，本节结合过程发现技术和 LDA 主题模型理论，提出一种 RFID-STR 数据挖掘方法，为解决 RFID 数据的轨迹搜索与分析技术提供新的技术途径。

5.2.1　国内外研究现状分析

轨迹挖掘（trajectory mining）一直是科学研究热点。高强和许佳捷对轨迹大数据处理关键技术和应用进行综述，表示轨迹数据价值巨大，但研究成果应用还面临挑战，研究工作侧重轨迹数据预处理、轨迹数据挖掘、数据可视化和隐私信息保护。在数据预处理方面，主要研究数据清洗、轨迹压缩、轨迹分段、路网匹配、轨迹数据模型和语义轨迹等。轨迹分段是对长时段轨迹的切分与标注，可降低计算复杂度，提供丰富的语义，是预处理的重点研究问题。主流方法有基于时间阈值、几何拓扑和轨迹语义策略。Zheng 利用轨迹数据学习获得停留点对轨迹分段，从而获得热门旅游景点区域。曹卫权提出了一种基于"极大稳定分段阈值"的时空模式挖掘方法解决单一、固定的分段粒度问题。孙艳在 RFID 物流跟踪系统中，采用基于最小描述长度（MDL）的方法把轨迹划分成若干 coarse 分段，然后按照划分的基本单位将分段进一步划分为 fine 分段。对于时间阈值的使用多根据业务场景主观确定，这种方法对于有明显开始结束节点的轨迹数据适用，但对于 RFID 中非业务过程特征的数据较难使用，目前研究较少。过程发现是业务流程管理（BPM）领域挖掘的重要方法，目的是从事件记录中提取反映业务流程特征和知识。随着研究工作的深入，IEEE 成立了过程挖掘工作组（ITFPM，http://www.win.tue.nl/ieeetfpm）。目前，过程发现技术已进入云服务挖掘、业务流程大数据挖掘、用户网络行为轨迹挖掘等领域。轨迹数据挖掘即知识提取，主要包括模式挖掘和语义分类两种。模式挖掘侧重轨迹路径，研究成果较多，但不易解释用户行为。语义分类则同时关注路径和语义，是新兴研究分支，受到广泛关注。主要方法有动态贝叶斯网络、隐马尔可夫模型、条件随机场、高斯混合模型、主题模型、聚类等。Nascimento 和 Sun 提出了改进的隐马尔可夫模型，处理人类活动认知。Santos 提出使用动态贝叶斯网络作为分类器推理。LDA 主题模型是文档分析重要的模型，本质上是一种贝叶斯网络，近年开始应用与用户特征提取和语义轨迹分类。Ferrari 应用 LDA 模型从社交位置数据提取城市日常活动模式。Chu 采用一种基于 LDA 主题模型的语义转换方法，出租车行驶轨迹作为文档，经过的街道名字作为单词，映射 GPS 坐标为轨迹数据，提取出租车行驶轨迹特征。蔡文学通过 LDA 模型分析出租车轨迹得到热门城市区域，有效解释用户行为。虽然现有的 LDA 模型轨迹分类应用取得了较好效果，但是很少面向 RFID 轨迹数据，非业务特征轨迹数据分析鲜见，因此相关研究需要更多探索。轨迹可视化技术可帮助用户理解挖掘结果，受到研究者和应用市场的关注。Wang 介绍了直接可视化、抽象可视化和特征提取可视化三种可视化方法。直接可视化适用于固定数据格式且数据量不大。抽象可视化可展示时空属性和移动对象属性特征。Li 基于时间维度对历史气候变化数据可视化。特征可视化需要研究人员预先提取特定轨迹数据集。Lu 预先将出租车数据匹配路网，分析热门路径集合，可视化显示最优路径。虽然目前研究很多，但轨迹数据种类众多，应用环境不同造成处理方法不一样，面向 RFID 轨迹数据的可视化研究还不多。根据上述分析，目前面向 RFID 领域的轨迹挖掘研究不多，现有的算法和技术需更多的改进。

5.2.2 RFID-STR 数据定义

定义 5.2.1（RFID-STR 数据） 令 T 为某些标签的字母表，有 $T = \{P_i | i = 1, \cdots, n\}$，轨迹点 $P_i = (R_i, B_i, X_i, t_i)$ 为四元组，包括 RFID 标签 R_i，业务点 B_i，属性信息 X_i，时间戳 t_i。

业务点包含业务点的地理空间信息、业务类型等。属性信息包含交易金额、经手人、交易内容等。RFID-STR 数据分段目标是得到在一个时间区间的轨迹点集合。因此寻找分段点就是通过时间阈值参数来划分轨迹点集合。下面把 RFID-STR 数据映射到业务过程模型中，业务活动是 RFID 业务点，活动的执行事件是 RFID 标签在业务点的一次操作行为，即轨迹点 P_i。同个 RFID 标签在时间区间的轨迹点形成了一个业务过程，即轨迹点序列 $P_i \cdots P_j$。基于过程发现的轨迹分段方法是从轨迹数据中寻找同个 RFID 标签的轨迹点序列集合，集合中任意两个轨迹点的时间戳距离满足时间阈值的要求。

5.2.3　基于 LDA 主题模型的 RFID-STR 数据特征知识提取方法

建立语义轨迹与文本描述之间的映射关系，通过 RFID 应用领域"语义轨迹-主题-应用标签"到 LDA "用户-主题-单词"三层贝叶斯模型的语义转换，最后通过模型的生成实现轨迹特征知识的提取，主要分为以下三个步骤。

1. 建立应用标签的词袋模型

RFID 应用标签对应单词，是从 RFID 应用业务名称文本集合中提取出词频大于某个阈值的业务名称集合；主题采用主题重要度确定，即轨迹出现次数；将语义轨迹看作文档，轨迹中涉及多个 RFID 应用主题区域，好比文档包含多个主题，这样轨迹集合类比文档集合，对轨迹集合进行主题推断，就可以得到多个主题区域，而这些主题区域通过应用标签来表示，所以反映了语义轨迹的特征知识。词袋模型采用了业务点重要度衡量，业务点重要度指应用标签单词在某个语义轨迹中出现的次数，次数越高说明该单词越能代表该语义轨迹特征。在校园卡 RFID 应用中，考虑业务点太多，采用业务点类型与校区结合的方式定义应用标签类。采用单个业务点刷卡次数与 LDA 模型的词频对应，通过打分机制提高单词的文档代表性。一个业务点在所有主题中出现概率为 1。设置一个阈值筛选主题中的业务点。

2. 建立主题特征模型

在 RFID 应用领域，根据 LDA 主题模型，得到公式：P（标签 | 轨迹）$= P$（标签 | 主题）$\times P$（主题 | 轨迹）。每个轨迹与 N 个主题的一个多项分布 θ 对应，每个主题又与 M 个标签的一个多项分布 ϑ 对应，因此 LDA 模型求解如图 5-4 所示，首先要求解与 θ 和 ϑ 参数相关的狄利克雷先验分布参数 α 和 β，然后推

理出 θ 和 ϑ 参数，最后使用 Gibbs 抽样法求出轨迹在主题上的分布和主题在标签上的分布，就能得到轨迹与标签的分布。

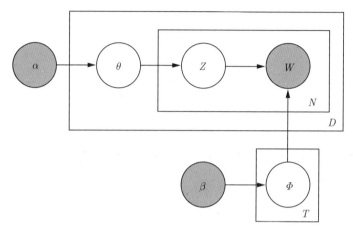

图 5-4　LDA 主题特征模型

3. 轨迹特征聚类

在得到轨迹与主题的相关度后，采用主流的 K-means 等聚类算法将具有相近主题特征的轨迹聚集，形成代表性轨迹。建立基于熵的隐含特征衡量方法。轨迹熵 $H(d) = \sum\limits_{z} p(z|d)\log p(z|d)$，其中 z 为主题，d 为轨迹。轨迹熵越高，表明该轨迹在不同主题上分布越广。应用标签熵 $H(w) = \sum\limits_{z} p(w|d)\log p(w|d)$，其中 w 为应用标签，z 为主题，应用标签熵越高，表明该标签代表的业务越重要。

5.2.4　RFID-STR 数据挖掘方法

该方法分为数据预处理、轨迹知识提取、知识可视化三大阶段。

1. 数据预处理阶段

生成校准轨迹、数据库轨迹和语义轨迹首先从分布式环境中抽取 RFID 移动对象原始轨迹数据，原始数据主要包含标签和业务点的特征数据、交易数据和属性数据；然后经过数据清洗后，采用基于时间阈值的过程发现技术进行轨迹分段，并通过路网匹配方法关联轨迹与业务点地理位置信息，从而得到校准轨迹；接着采用 Petri net 建立轨迹数据模型，利用 Petri net 理论的特性对轨迹进行形式化验证，根据业务点类型进行轨迹压缩得到数据库轨迹，提高数据价值密度和存取效率；最后根据移动性和行为理解方法建立不同主题的轨迹数据仓库和集市，得到的语义轨迹作为知识提取阶段的输入。

2. 轨迹知识提取阶段

基于 LDA 主题模型提取特征知识首先通过分析 RFID 业务点特征来定义应用类型标签，标签作为单词集；接着基于使用次数或交易金额等语义打分机制建立词袋模型，语义轨迹作为文档；然后利用 LDA 主题模型的文本相似度分析方法和聚类算法，得到语义轨迹与主题、主题与应用类型标签的特征知识。

3. 知识可视化阶段

建立交互式和抽象式的知识可视化展示首先建立交互参数与轨迹特征知识的关联模型，然后根据时空和其他属性语义进行抽象化表示与处理，最终通过交互式的主题地图、业务云图、层次气泡图、泰森多边形树图等可视化技术展示，并结合领域知识进行分析总结。在移动互联网、LBS 技术、物联网技术高速发展的背景下，社会对轨迹数据挖掘的需求逐渐增多，目前 GPS 数据轨迹挖掘研究较多，RFID 轨迹挖掘研究较少，本节针对 RFID 应用领域业务需求和轨迹数据特征，提出了采用过程发现技术进行非业务过程特征数据轨迹分段的新方法，实现移动对象轨迹与业务过程模型的映射转换，为轨迹数据预处理提供了新技术，并提出了基于语义的 RFID-STR 数据挖掘方法，注重业务需求和语义归纳，涵盖了数据预处理、知识提取、知识可视化完整的生命周期。

5.3　基于过程发现的 RFID 数据轨迹生成方法

附带射频识别（RFID）技术的移动对象应用，如身份证、通行卡、消费卡、手环、电子手表等已广泛使用于社会各领域，从移动对象 RFID 时空轨迹（RFID Spatio-Temporal Trajectories，RFID-STR）数据中挖掘移动对象的移动模式与规律，具有重要的社会和应用价值。某次 RFID-STR 数据代表移动对象的一次业务应用，如上班打卡考勤。从业务点关联的角度看，RFID-STR 数据分为两类：一是多点轨迹（MRFID-STR），轨迹中各业务点明显属于某个业务流程，数据格式和语义一致，例如安装 GPS 设备的出租车、公交车、物流等；另一类是单点轨迹（SRFID-STR），轨迹中只包含单个业务点数据，不同的轨迹间没有明显

的关联和约束，且可能存在数据格式和语义异构，即无业务流程特征。当前对于
单点轨迹的研究多属于单个业务点的特征分析。复旦大学从一卡通共享数据库中
查询统计大学生消费水平，为贫困生认定和困难补助发放提供依据。大连医科大
学以时间为序把一卡通消费记录整合成为每个人在校园内不同场所的消费信息，
使用 SPSS 分析学生的消费占比，结果反映学生的消费特征和性别对消费的影
响。苏州大学用 SQL Server 2005 BI 工具的 ID3 决策树算法和 OLAP 联机分析
处理技术对学生消费情况、热水消费情况以及商户营业状况分析用于改进业务管
理。哈尔滨工程大学采用支持向量机对校园卡消费流水进行分类，利用关联规则
发现学生校园卡的消费模式。西北大学采用 Apriori 算法挖掘贫困生数据特征支
持贫困生评定工作。上述研究属于局部优化分析，即以一个业务点或一类业务点
为分析对象，并结合用户的信息进行分析，结果只对某个或某类业务点有意义，并
没有考虑业务点的关联影响。而轨迹间隐含的全局性信息对管理决策部门有着重
大价值。例如食堂可分析学生消费特征，加上学生其他业务点活动特征，可帮助
食堂优化供应菜单和时间。因此，研究把单点轨迹数据转化为具有业务流程关联
的多点轨迹数据，对全局分析宏观管理决策支持有重要意义。过程发现（process
discovery）技术可从信息系统日志数据中发现用户的业务活动过程模型，并结合
其他信息发现潜在的有价值知识。本节基于过程发现技术研究 RFID 数据轨迹预
处理技术，提出 RFID-STR 数据类型定义，重点介绍数据轨迹分段方法和生成
框架，解决无业务流程特征轨迹数据分析问题，为轨迹数据知识挖掘提供高质量
数据。

5.3.1 RFID-STR 数据类型

1. RFID-STR 原始数据定义

RFID-STR 原始数据采用 5.2.2 节的 RFID-STR 数据定义。

2. 校准轨迹定义

RFID-STR 原始数据来源于多个 RFID 业务应用，存在数据格式、语义等
差异，在挖掘前必须进行校准，以得到规范统一的轨迹数据。把原始数据转化为
校准轨迹数据，一般包括数据清洗、轨迹分段、路网匹配的校准轨迹数据预处理
流程。

3. 数据库轨迹定义

RFID-STR 校准轨迹通常包括巨量详细记录，例如电子饭卡应用，用户点餐明细对于只关注业务点类型的挖掘无意义，就需要压缩处理以减少数据量、提高处理效率。常用基于路网和基于轨迹的压缩方法。

4. 语义轨迹定义

RFID-STR 数据轨迹只有赋予业务应用和用户行为理解，才有挖掘价值，在数据库轨迹上加上语义就产生了 RFID-STR 知识。

5.3.2　RFID-STR 数据轨迹分段方法

校准轨迹是产生轨迹知识的基础，其中轨迹分段是校准轨迹数据生成的关键方法，本节引入过程发现的思想建立基于时间阈值的轨迹分段方法。RFID 轨迹分段目标实际上是要得到在一个时间区间的轨迹点集合。因此寻找分段点就是通过时间阈值参数来划分轨迹点集合。首先把经过清洗的轨迹数据映射到业务应用中，业务应用活动关联 RFID 业务点，业务应用活动可以由具备业务流程联系的多个业务点构成，如快递物流；也可能是无业务流程特征的多个业务点构成，如学生校园 RFID 应用。活动的执行事件是 RFID 标签在业务点的一次操作行为，即轨迹点 P_i。同个 RFID 标签在时间区间的轨迹点形成了一个业务过程，即轨迹点序列 $P_i \cdots P_j$。基于过程发现的轨迹分段方法是从轨迹数据中寻找同个 RFID 标签的轨迹点序列集合，集合中任意两个轨迹点的时间戳距离满足时间阈值的要求。采用过程发现的方法可以发现用户在某个时间段的行为轨迹，尤其是能处理无业务流程特征的多个业务点类型数据。

5.3.3　RFID-STR 数据轨迹生成框架

RFID-STR 数据轨迹生成的目标是输入原始轨迹数据，经过校准轨迹、数据库轨迹处理，输出语义轨迹作为轨迹特征知识挖掘的数据源，步骤如图 5-5 所示。第一步从分布式环境中抽取 RFID-STR 原始轨迹数据；第二步经过数据清洗后，采用基于时间阈值的过程发现技术进行轨迹分段，并通过路网匹配方法关联轨迹与业务点地理位置信息，得到校准轨迹；第三步根据业务点类型进行轨迹压缩得到数据库轨迹，提高数据价值密度和存取效率；最后根据行为理解方法建立不同主题的语义轨迹数据。

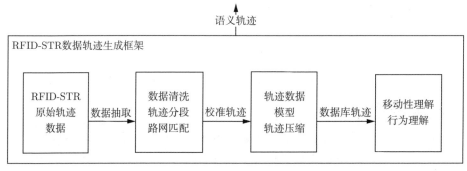

图 5-5　RFID-STR 数据轨迹生成框架

5.3.4　应用案例

本节以某高校一卡通系统 RFID 数据为实例，阐述 RFID-STR 数据轨迹生成过程。该校在校生约 2 万人，分为 4 个校区，一卡通应用主要涉及 38 个业务点，覆盖了校园内教学、学习和生活设施。各业务点业务特征的数据分布在 6 个原始轨迹数据库，全部为单点轨迹数据。

1. 校准轨迹生成

选取时间范围为 2012—2014 年数据（单位：条），经过数据清洗、轨迹分段和路网匹配得到校准轨迹。数据量变化如表 5-4 所示。

表 5-4　校准轨迹生成数据量变化

业 务 类 型	原始轨迹数据	数据清洗后	数据合并后	轨迹分段后
医院、体育场所	70694	67326	67326	
实验室	549315	548318	548318	
食堂	24592438	24334415	8482497	
超市	968528	968528	968528	
线下充值点	809284	805040	805040	
图书馆	1769142	1769142	1769142	
合计	28759401	28492769	12640851	6397646

数据清洗：原始轨迹数据约 2875 万条，经过字段不一致、去除重复等数据清洗后为 2849 万条，再次对数据合并处理得到 1264 万条，典型数据合并例子是把 2 小时内同个用户在同个食堂的消费数据合并为一条消费总数，减少无意义的数据冗余，提高处理效率。轨迹分段：采取以时间阈值参数方法，得到某用户在一个时间区间的轨迹点集合，即把多个单点轨迹集合转换为有时间关联的多点轨迹集合，为后续发现用户潜在模式打下基础。例如以 1 天 24 小时为时间阈值参数，经过轨迹分段后，得到用户活动轨迹 640 万条。路网匹配：把业务点与地理信息结合，得到具有地理特征的用户活动图。例如把校区匹配表 5-4 的业务点，可得到用户校区活动轨迹。

2. 数据库轨迹生成

进一步对校准轨迹进行数据压缩和主题分类，可得到不同主题数据集市模型。数据压缩：把重复的用户活动轨迹进行压缩，得到代表活动轨迹 5 万条，大大提高了分析效率，当然代价是丢失了轨迹频度。主题分类：根据应用主题建立数据集，例如"消费特征主题"数据集包含了有消费数据的轨迹，属性信息至少包括用户标识、业务点、发生时间、消费额，以及维度明细数据包括用户信息、活动信息、时间信息、消费额信息。

3. 语义轨迹生成

在数据库轨迹基础上，结合 RFID 移动对象用户行为可理解性和管理层管理应用需要，进行目的性的轨迹处理，可得到有价值的语义轨迹。例如，对"消费特征主题"数据集的轨迹进行分析，了解学生校内消费行为模式。设时间阈值参数为 1 天，得到存在学生 1 天消费相关数据库轨迹。以消费额区间分析，可知学生消费金额特征。学生平均日均消费 7.95 元，大部分学生日均消费集中在 5~30 元。进一步，要了解学生的超市消费特征。选取第二校区的超市业务点 H，设置消费时间区间。可发现学生常在 19—24 点到超市消费。再分析与 H 关联的前后活动业务点轨迹，发现学生喜欢在食堂 C、D 和图书馆 B 之后到超市 H 消费。因此，可给 H 点标上"晚上消费频繁"的语义标签，此外从安全角度还可标上"晚上注意周边拥挤"的标签。上述语义分析对于学校后勤和学生管理部门，要注意控制校内物价水平；对保卫部门，要在晚上注意监控业务点周边的交通拥挤情况，尤其是从图书馆到超市的道路；对业务点 H，要提高晚上的供应质量和数量，同时也要分析消费额少的时间段情况，另外 0—3 点还有消费额，是不符合学校管理规定的，所以业务点 H 要进行整改。在人工智能时代，物联网应用产生海量数据，挖掘知识辅助管理部门决策已成为常态。本节通过研究附带 RFID 标签物体的轨迹数据生成方法，把单点轨迹转为具有关联特征的多点轨迹，并根据应用需求，生成有价值的语义轨迹，对下一步提取用户行为特征知识，研究移动趋势、移动行为、异常行为和移动对象之间的联系等特征有重要作用。

5.4　基于 LDA 的大学一卡通学生行为特征分析研究

LDA 主题模型是文档分析重要的模型，本质上是一种贝叶斯网络，近年开始应用与用户特征提取和语义轨迹分类。起源于文本处理的狄利克雷分布模型（Latent Dirichlet Allocation，LDA）具有提取兴趣主题的多样性和简单性、数据降维、异构数据建模、语义归纳等优点。虽然现有的 LDA 模型轨迹分类应用取得了较好效果，但是很少面向 RFID 轨迹数据，非业务特征轨迹数据分析鲜见，因此相关研究需要更多探索。本节以上一节的大学一卡通为应用需求，分析学生行为特征，根据一卡通 RFID 应用场景和数据特征，提出基于 LDA 的 RFID 数据轨迹框架，通过 RFID 应用标签的表示和分类方法、词袋模型构建、主题模型建立和聚类分析，最终提取学生群体特征知识，用于指导管理部门改进服务质量。

5.4.1　基于 LDA 的学生行为特征挖掘框架

本节研究目的是基于一卡通 RFID-SIR 数据提取学生用户群体特征知识，发现数据隐含的信息，对一卡通业务应用服务改进提供建议。如图 5-6 所示，研究基本流程为：

（1）获取一卡通 RFID-SIR 数据并生成语义轨迹数据；

（2）建立语义轨迹与 LDA 主题模型的关联，通过分析一卡通业务点特征来定义应用类型标签，该标签作为单词集，接着基于使用次数或交易金额等语义打分机制建立词袋模型，语义轨迹作为文档，利用 LDA 主题模型学习分析得到主题与应用类型标签的关联；

（3）通过聚类分析得到主题特征用户群体；

（4）分析结果提出业务改进建议。

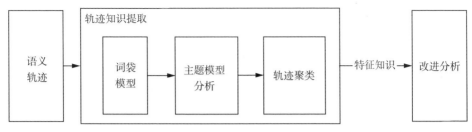

图 5-6　学生行为特征挖掘框架

1. 问题分析

为了挖掘一卡通学生用户的行为习惯，需要把原始轨迹数据预处理，得到语义轨迹作为轨迹特征知识挖掘的数据源。原始数据来源于多个一卡通 RFID 业务应用，存在数据格式、语义等差异。经过数据清洗、整合、压缩等校准操作，并根据业务应用主题建立数据集市。一卡通用户轨迹大多是单点轨迹，即轨迹中只包含单个业务点数据，不同的轨迹间没有明显的关联和约束，即无业务流程特征。可采用过程发现技术结合时间阈值参数法，从数据集市中提取用户的业务活动过程轨迹，即得到语义轨迹，其中不仅包含用户在某个时间段内的轨迹，还蕴含了用户的活动特征。例如，以一天为时间阈值，可得到某学生语义轨迹：食堂 A（7:30）—实验室 B（7:50）—图书馆 C（10:00）—食堂 B（12:00）—图书馆 C（15:00）—热水 D（22:00）。可以看到轨迹业务点是属于某个业务应用类型，如食堂属于"餐饮类"。当把全部业务点分类到多个集合后，每一个集合可定义为一个主题。显然每个学生的活动特征实际上就是多个主题的聚合模型。因此需要建立语义轨迹与 LDA 主题模型的关联，通过 LDA 方法得到主题模型的种类，用于学生用户群体聚类分析。

2. 主题模型建立

要建立语义轨迹与 LDA 模型文本描述之间的映射关系，就通过 RFID 应用领域"语义轨迹-主题-业务应用类型标签"到 LDA "用户-主题-单词"三层贝叶斯模型的语义转换，最后通过模型的生成实现轨迹特征知识的提取。定义一个学生用户语义轨迹对应一篇文档，用户轨迹中的业务应用类型标签对应文档中的单词，全部学生用户就形成语料库，学生行为轨迹提取就转为 LDA 方法从语料库中提取主题模型。LDA 主题模型可以帮助在聚类前对数据进行降维操作，把学生用户轨迹中几十个业务点提取为学生与主题的相关度。

（1）建立应用标签的词袋模型。

在一卡通 RFID 应用标签对应单词后，进一步从 RFID 应用业务名称文本集合中提取出词频大于某个阈值的业务应用名称集合；主题采用主题重要度确定，即轨迹出现次数；将语义轨迹看作文档，轨迹中涉及多个 RFID 应用主题区域，好比文档包含多个主题，这样轨迹集合类比文档集合，对轨迹集合进行主题推断，就可以得到多个主题区域，而这些主题区域通过应用标签来表示，所以反映了语义轨迹的特征知识。因此使用一卡通应用类型分类标签作为单词，建立每个学生用户的词袋模型，见表 5-5。

表 5-5　一卡通学生用户应用标签词袋模型

一卡通业务点名称	业务应用类型标签
计算机实验室 A	实验
图书馆 B	资源、自习
食堂 C	餐饮
教室 D	教学、自习
英语听说实验室 E	教学、语言
词袋	实验 *1、资源 *1、自习 *2、餐饮 *1、教学 *2、语言 *1

词袋模型采用了业务点重要度衡量，业务点重要度指应用标签单词在某个语义轨迹中出现的次数，次数越高说明该单词越能代表该语义轨迹特征。考虑业务点太多，采用业务点类型与校区结合的方式定义应用标签类。采用单个业务点刷卡次数与 LDA 模型的词频对应，通过打分机制提高单词的文档代表性。一个业务点在所有主题中出现概率为 1，设置一个阈值筛选主题中的业务点。

（2）一卡通学生行为主题特征模型。

在一卡通 RFID 应用领域，根据 LDA 主题模型，每个轨迹与 T 个主题的一个多项分布 θ 对应，每个主题又与 D 个标签的一个多项分布 ϑ 对应，通过 LDA 模型求解能得到轨迹与标签的分布。

经多次实验，选取 3 个有实际意义代表性的主题在本文分析，分别为自习类、生活类、实验类，每个主题下包括多个一卡通应用分类标签。如表 5-6 所示。每个学生用户与每个主题都有相关度，如某学生主题相关度为：自习 =0.7，生活 =0.5，实验 =0.1，表明该学生有良好的自习学习习惯，可能是文科类专业，使用校内生活服务应用频次一般。

表 5-6　一卡通学生用户应用主题构成

自　习　类	生　活　类	实　验　类
自习	餐饮	实验
餐饮	实验	教学
实验	运动	餐饮
语言	医疗	运动
其他应用类	其他应用类	其他应用类

3. 特征聚类

在得到学生用户语义轨迹与主题的相关度后，每个学生就可用 3 个应用标签维度向量来表示。下面采用主流的聚类算法如 K-means 将具有相近主题特征的用户轨迹聚集，形成代表性学生一卡通用户群体。本节实验采集 2 万名左右学生用户一年数据，一卡通业务点 38 个，每个用户统计和 3 个主题的相关度，采用 K-means 算法聚类为 4 类主题用户群体，其中心点见表 5-7。

表 5-7　一卡通学生用户群体的特征分析

群　　体	人数	自习类	生活类	实验类	特　征　分　析
学生群体 1	2856	28.64	10.21	2.19	有良好自习学习习惯，使用校内生活服务一般，去实验室较少
学生群体 2	1985	1.52	13.98	8.25	使用校内生活服务频繁，去实验室较多，较少自习行为
学生群体 3	12755	3.28	6.01	2.19	较少自习行为，去实验室也较少，使用校内生活服务一般
学生群体 4	4920	1.39	3.75	18.62	去实验室较多，但自习行为和生活服务频度较低

可发现，学生群体 3 用户数最多，其行为特征是生活类相比其他主题较多，但总体上使用一卡通业务应用不突出，也没有自习行为。结合其他群体特征分析，从校内生活服务频率看，只有学生群体 3 的不足 2000 人，蕴含信息是学生对校内餐饮、小卖部、热水等生活服务类满意度一般，这可能受该大学周边外卖和超市、餐馆林立的情况影响，说明后勤部门应对生活服务类应用进行调查，加强服务质量；从自习行为看，有自习习惯只有群体 1，蕴含信息可能是：第一，有自习

习惯但没有列入统计的学生可能在宿舍或不需要校园卡的场所学习；第二，有一部分学生确实没有良好的自习习惯，学生管理部门可进行相关的调查，在学风建设上开展有针对性的措施。

本节以大学一卡通学生行为特征分析为案例，介绍从日常信息系统用户原始数据中，经过数据预处理、语义轨迹提取、行为主题建模，有效得到一卡通学生行为群体特征知识，为大学管理部门加强一卡通应用服务和学生管理、人才培养质量提供帮助。在研究中发现，轨迹数据挖掘必须附加语义分析才能使研究增强实际指导作用，其中数据预处理、主题类定义、聚类结果分析几个环节值得关注，研究团队应加入具有业务应用领域知识的专家，在上述几个关键环节提供应用知识。

未来将进一步进行结果可视化工作，并把数据范围扩大至 5 年以上，探索大数据下挖掘算法的效率和实用性。

参 考 文 献

[1] Aalst W, Adriansyah A, Medeiros A, et al. Process Mining Manifesto[J]. Springer, 2011.

[2] 闻立杰. 基于工作流网的过程挖掘算法研究 [D]. 北京：清华大学, 2007.

[3] 李嘉菲. 基于工作流的业务过程管理关键技术研究 [D]. 长春：吉林大学, 2007.

[4] Aalst W M P. Process Mining: Overview and Opportunities[J]. Acm Transactions on Management Information Systems, 2012, 3(2): 1-17.

[5] Aalst W. Workflow Patterns[C]// Encyclopedia of Database Systems. 2009.

[6] Cook J E, Wolf E L. Automating Process Discovery through Event-Data Analysis[C]// International Conference on Software Engineering. IEEE, 1995.

[7] Cook J E, He C, Ma C. Measuring behavioral correspondence to a timed concurrent model[C]// IEEE International Conference on Software Maintenance. IEEE, 2001.

[8] Cook J E, Du Z D, Liu C B, et al. Discovering models of behavior for concurrent workflows[J]. Computers in Industry, 2004.

[9] Agrawal R, Gunopulos D, Leymann F. Mining Process Models from Workflow Logs[J]. Springer Berlin Heidelberg, 1998.

[10] Datta A. Automating the Discovery of AS-IS Business Process Models: Probabilistic and Algorithmic Approaches[J]. Information Systems Research, 1998, 9(3): 275-301.

[11] Herbst J. A Machine Learning Approach to Workflow Management[C]// European Conference on Machine Learning. Springer, 2000.

[12] Aalst W. The Application of Petri Nets to Workflow Management[J]. Journal of Circuits, Systems and Computers, 1998, 8(1): 21-66.

[13] Aalst W, Dongen B. Discovering Workflow Performance Models from Timed Logs[J]. Springer-Verlag, 2002.

[14] Quaglini S. Workflow Management—Models, Methods and Systems[J]. Artificial Intelligence in Medicine, 2003, 27(3): 393-396.

[15] Aalst W, Dongen B, Herbst J, et al. Workflow mining: A survey of issues and approaches[J]. Data & Knowledge Engineering, 2003, 47(2): 237-267.

[16] Van D, Weijters T, Maruster L. Workflow mining: discovering process models from event logs[J]. IEEE Transactions on Knowledge & Data Engineering, 2004, 16(9): 1128-1142.

[17] Weijters T. Process Mining: Extending the alpha-algorithm to Mine Short Loops[J]. Eindhoven University of Technology, 2004.

[18] Medeiros A, Dongen B, Aalst W, et al. Process Mining for Ubiquitous Mobile Systems: An Overview and a Concrete Algorithm[C]// International Workshop on Ubiquitous Mobile Information and Collaboration Systems. Springer, Berlin, Heidelberg, 2004.

[19] Wen L, Aalst W, Wang J, et al. Mining process models with non-free-choice constructs[J]. Data Mining & Knowledge Discovery, 2007.

[20] Wen L, Wang J, Sun J. Mining Invisible Tasks from Event Logs[J]. Advances in Data & Web Management, 2007.

[21] Wen L, Wang J, Aalst W, et al. A novel approach for process mining based on event types[J]. Journal of Intelligent Information Systems, 2009, 32(2): 163-190.

[22] Bergenthum R, Desel J, Mauser S. Comparison of Different Algorithms to Synthesize a Petri Net from a Partial Language[J]. Springer Berlin Heidelberg, 2009.

[23] J. M. E. M. van der Werf, Dongen B, Hurkens C, et al. Process Discovery using Integer Linear Programming[C]// 2009: 368-387.

[24] Medeiros A, Weijters A, Aalst W. Genetic Process Mining: A Basic Approach and Its Challenges[J]. Springer Berlin Heidelberg, 2005.

[25] Medeiros A K, Weijters A J, Aalst W M. Genetic process mining: an experimental evaluation[J]. Kluwer Academic Publishers, 2007(2).

[26] Yang W S, Hwang S Y. A process-mining framework for the detection of healthcare fraud and abuse[J]. Pergamon, 2006(1).

[27] Silva R, Zhang J, Shanahan J G. Probabilistic workflow mining[C]// Proceedings of the Eleventh ACM SIGKDD International Conference on Knowledge Discovery and Data Mining. Center for Automated Learning and Discovery Carnegie Mellon University 5000 Forbes Avenue Pittsburgh, PA 15213, 2005.

[28] Huang X Q, Wang L F, Zhao W, et al. A Workflow Process Mining Algorithm Based on Synchro-Net[J]. Journal of Computer Science and Technology, 2006, 21(1): 66-71.

[29] Greco G, Guzzo A, Manco G, et al. Mining and reasoning on workflows[J]. IEEE Transactions on Knowledge and Data Engineering, 2005, 17(4): 519-534.

[30] Maruster L, Weijters A, Aalst W, et al. Process Mining: Discovering Direct Successors in Process Logs[C]// Springer Berlin Heidelberg. Springer Berlin Heidelberg, 2002.

[31] Weijters A J, Aalst W M. Rediscovering workflow models from event-based data using little thumb[J]. Integrated Computer-Aided Engineering, 2003, 10(2).

[32] Mruter L, Weijters A J, Aalst W M, et al. A Rule-Based Approach for Process Discovery: Dealing with Noise and Imbalance in Process Logs[J]. Data Mining and Knowledge Discovery, 2006(1).

[33] 李嘉菲, 刘大有, 于万钧. 一种能发现重复任务的过程挖掘算法 [J]. 吉林大学学报 (工学版), 2007, 037(001): 106-110.

[34] 李嘉菲, 刘大有, 杨博. 过程挖掘中一种能发现重复任务的扩展 α 算法 [J]. 计算机学报, 2007, 30(8): 10.

[35] Aalst W, Song M. Mining Social Networks: Uncovering Interaction Patterns in Business Processes[C]// Business Process Management: Second International Conference. Springer, Berlin, Heidelberg, 2004.

[36] Aalst W M P V D, Reijers H A, Song M. Discovering Social Networks from Event Logs[J]. Computer Supported Cooperative Work, 2005, 14(6): 549-593.

[37] Aalst W. Business alignment: using process mining as a tool for Delta analysis and conformance testing[J]. Requirements Engineering, 2005, 10(3): 198-211.

[38] Aalst H. Mining of ad-hoc business processes with TeamLog[J]. Data & Knowledge Engineering, 2005.

[39] Christian W. Günther, Rinderle S, Reichert M, et al. Change Mining in Adaptive Process Management Systems[J]. Springer-Verlag, 2006.

[40] Rozinat A, Aalst W. Conformance Testing: Measuring the Fit and Appropriateness of Event Logs and Process Models[C]// International Conference on Business Process Management. Springer-Verlag, 1970.

[41] Eder J, Olivotto G E, Gruber W. A Data Warehouse for Workflow Logs[C]// Springer Berlin Heidelberg. Springer Berlin Heidelberg, 2003.

[42] Ly L T, Rinderle S, Dadam P, et al. Mining Staff Assignment Rules from Event-Based Data[J]. DBLP, 2005.

[43] Ingvaldsen J E, Gulla J A. Model-Based Business Process Mining[J]. Information Systems Management, 2006, 23(1): 19-31.

[44] Gombotz R, Dustdar S. On Web Services Workflow Mining[C]// International Conference on Business Process Management. Springer, Berlin, Heidelberg, 2005.

[45] Aalst W V D. Service Mining: Using Process Mining to Discover, Check, and Improve Service Behavior[J]. IEEE Transactions on Services Computing, 2013, 6(4): 525-535.

[46] Dongen B, Aalst W. EMiT: a process mining tool[C]// 2004: 454-463.

[47] Grigori D, Casati F, Castellanos M, et al. Business Process Intelligence[J]. Computers in Industry, 2004, 53(3): 321-343.

[48] Herbst J, Karagiannis D. Workflow mining with InWoLvE[J]. Computers in Industry, 2004, 53(3): 245-264.

[49] Hammori M, Herbst J, Kleiner N. Interactive workflow mining—requirements, concepts and implementation[J]. Data & Knowledge Engineering, 2006, 56(1): 41-63.

[50] Dongen B F V, Aalst W M P V D. A Meta Model for Process Mining Data[C]// EMOI—INTEROP'05, Enterprise Modelling and Ontologies for Interoperability, Proceedings of the Open Interop Workshop on Enterprise Modelling and Ontologies for Interoperability, Co-located with CAiSE'05 Conference, Porto (Portugal), 13th-14th June 2005.

[51] Verbeek H E, Buijs J J, Dongen V, et al. XES, XESame, and ProM 6[M]. Berlin: Springer, 2010.

[52] van Pechenizkiy M, et al. Dealing With Concept Drifts in Process Mining[J]. IEEE transactions on neural networks and learning systems, 2014, 25(1): 154-171.

[53] 敬思远. 过程挖掘算法研究综述 [J]. 乐山师范学院学报, 2020. 35(12): 39-48.

[54] Dongen B F V, Medeiros A K A D, Wen L. Process Mining: Overview and Outlook of Petri Net Discovery Algorithms[J]. Springer-Verlag, 2009, 2: 225-242.

[55] Murata T. Petri Nets: Analysis and Applications[J]. Proceedings of the IEEE, 1989, 77(4): 541-580.

[56] 袁崇义. Petri 网原理与应用 [M]. 北京: 电子工业出版社, 2005.

[57] Aalst W. The Application of Petri Nets to Workflow Management[J]. Journal of Circuits, Systems and Computers, 1998, 8(1): 21-66.

[58] Medeiros A, Weijters A, Aalst W. Using genetic algorithms to mine process models: representation, operators and results[J]. Eindhoven University of Technology, 2005.

[59] 余建波, 董晨阳, 李传锋, 等. 基于统计算法的过程挖掘 [J]. 北京航空航天大学学报, 2018. 44(05): 895-906.

[60] Aalst W, Dumas M, Ouyang C, et al. Conformance Checking of Service Behavior[J]. ACM Transactions on Internet Technology, 2008, 8(3, article 13).

[61] Munoz-Gama J, Carmona J, Aalst W. Hierarchical conformance checking of process models based on event logs[C]// Applications and Theory of Petri Nets. Springer, Berlin, Heidelberg, 2013.

[62] Rozinat A, Aalst W. Conformance checking of processes based on monitoring real behavior[J]. Information Systems, 2007, 33(1): 64-95.

[63] Greco G, Guzzo A, Pontieri L, et al. Discovering Expressive Process Models by Clustering Log Traces[J]. IEEE Transactions on Knowledge and Data Engineering, 2006, 18(8): 1010-1027.

[64] Aalst W, Weijters A. Process mining: a research agenda[J]. Computers in Industry, 2004, 53(3): 231-244.

[65] Aalst W V D. Service Mining: Using Process Mining to Discover, Check, and Improve Service Behavior[J]. IEEE Transactions on Services Computing, 2013, 6(4): 525-535.

[66] Kindler E, Rubin V, Schfer W. Process Mining and Petri Net Synthesis[C]// International Conference on Business Process Management Workshops. Springer-Verlag, 2006.

[67] Gu C Q, Chang H Y, Yang Y. Workflow mining: Extending the α-algorithm to mine duplicate tasks[C]// International Conference on Machine Learning & Cybernetics. IEEE, 2008.

[68] 陈信敏, 滕少华. 一种发现复杂工作流结构的扩展 α 算法 [J]. 计算机应用研究, 2011, 28(2): 5.

[69] 顾春琴, 常会友, 陶乾, 等. 可解决多种复杂任务的过程挖掘算法 [J]. 计算机集成制造系统, 2009, 15(11): 6.

[70] 叶小虎, 刘芳妤, 薛岗. 基于重复任务的复杂结构挖掘 [J]. 计算机科学, 2011, 38(B10): 4.

[71] Herbst J. A Machine Learning Approach to Workflow Management[C]// European Conference on Machine Learning. Springer, Berlin, Heidelberg, 2000.

[72] Weerdtjochen D, et al. Process Mining for the multi-faceted analysis of business processes—A case study in a financial services organization[J]. Computers in Industry, 2013.

[73] CW Günther, Aalst W. Fuzzy Mining—Adaptive Process Simplification Based on Multi-perspective Metrics[C]// Business Process Management, International Conference, Bpm, Brisbane, Australia, September. Springer-Verlag, 2007.

[74] Aalst W. Process Mining : Discovering and Improving Spaghetti and Lasagna processes[C]// Computational Intelligence & Data Mining. IEEE, 2011.

[75] 黄琰, 赵呈领, 赵刚, 等. 教育过程挖掘智能技术: 研究框架, 现状与趋势 [J]. 电化教育研究, 2020, 41(8): 9.

[76] GR González, Organero M M, Kloos C D. Early Infrastructure of an Internet of Things in Spaces for Learning[J]. IEEE, 2008.

[77] Jacobsen R, Nielsen K F, Popovski P, et al. Reliable Identification of RFID Tags Using Multiple Independent Reader Sessions[J]. IEEE, 2009.

[78] Bo Y, Chen Y, Meng X. RFID Technology Applied in Warehouse Management System[C]// Isecs International Colloquium on Computing, Communication, Control, & Management. IEEE Computer Society, 2008.

[79] 林国省. RFID 路径数据聚类分析与频繁模式挖掘 [D]. 广州：华南理工大学, 2010.

[80] 伏楠. RFID 路径数据聚类分析与频繁模式挖掘 [D]. 兰州：兰州交通大学, 2013.

[81] Nie Y, Cocci R, Cao Z, et al. SPIRE: Efficient Data Inference and Compression over RFID Streams[J]. IEEE Transactions on Knowledge and Data Engineering, 2012.

[82] Feng J, Feng L, Xuan L. Current Situation and Development of China Campus Card System[C]// 2010 International Conference on Artificial Intelligence and Education (ICAIE).

[83] 谷峪, 于戈, 胡小龙, 等. 基于监控对象动态聚簇的高效 RFID 数据清洗模型 [J]. 软件学报, 2010(4): 12.

[84] 夏秀峰, 赵龙. 基于三层存储模型的 RFID 数据压缩存储方法 [J]. 计算机应用, 2012, 32(3): 5.

[85] 刘海龙. RFID 复杂事件检测方法的研究和改进 [J]. 计算机工程与应用, 2008, 44(11): 5-8.

[86] Ma Y M, Ren H E. Application of RFID and Data Mining in the Timber Management System[C]// International Conference on Control. IEEE, 2011: 1-4.

[87] Rao K S, Chandran K R. Mining of customer walking path sequence from RFID supermarket data[J]. Electronic Government An International Journal, 2013, 10(1): 34-55.

[88] 谢嘉宾, 李淑娟, 宓詠. 以软件为核心的校园一卡通建设——复旦大学案例研究 [J]. 中山大学学报（自然科学版）, 2009(S1): 3.

[89] 王文娟. 基于一卡通数据的大学生消费分析的技术路线研究与实例分析 [D]. 大连：大连医科大学.

[90] 张佳. 数据挖掘技术在校园一卡通系统中的应用研究 [J]. 信息与电脑 (理论版), 2012(5): 2.

[91] 王德才. 数据挖掘在校园卡消费行为分析中的研究与应用 [D]. 哈尔滨：哈尔滨工程大学.

[92] CW Günther. Process Mining in Flexible Environments[J]. International Labour Organization, 2009.

[93] Leemans S, Fahland D, Aalst W. Discovering Block-Structured Process Models from Event Logs—A Constructive Approach[C]// Application and Theory of Petri Nets

and Concurrency—34th International Conference, PETRI NETS 2013, Milan, Italy, June 24-28, 2013. Proceedings. Springer-Verlag, 2013.

[94] 袁冠. 移动对象轨迹数据挖掘方法研究 [D]. 北京：中国矿业大学, 2012.

[95] 许佳捷, 郑凯, 池明旻, 等. 轨迹大数据：数据, 应用与技术现状 [J]. 通信学报, 2015, 36(12): 9.

[96] 冯健文. 基于知识图谱的轨迹挖掘研究可视化分析 [J]. 电子技术与软件工程, 2021(11): 3.

[97] 朱敬华, 尹旭明, 柏敬思, 等. 传感器网络基于轨迹聚类的多目标跟踪算法 [J]. 电子学报, 2017, 45(11): 6.

[98] 朱姣, 刘敬贤, 陈笑, 等. 基于轨迹的内河船舶行为模式挖掘 [J]. 交通信息与安全, 2017, 35(3): 11.

[99] 朱家辉. 基于时空轨迹挖掘的交通区域划分系统设计与实现 [D]. 成都：电子科技大学, 2020.

[100] 赵淼佟. 移动环境下基于轨迹挖掘的个性化推荐系统设计与实现 [D]. 成都：电子科技大学，2017.

[101] 赵端, 顾优雅, 张雨, 等. 基于关键区域的井下人员轨迹挖掘方法 [J]. 煤矿安全, 2019, 50(2): 4.

[102] 张翔宇, 张强, 吕明琪. 基于 GPS 轨迹挖掘的兴趣地点个性化推荐方法 [J]. 高技术通讯, 2021, 31(1): 9.

[103] 赵雨娟. 面向生产作业记录的轨迹数据挖掘研究 [D]. 西安：西安电子科技大学, 2020.

[104] 赵梁滨. 船舶轨迹的数据挖掘框架及应用 [D]. 大连：大连海事大学, 2016.

[105] 张沛朋, 魏楠. 基于巨量轨迹数据的热点挖掘算法 [J]. 绥化学院学报, 2017, 37(6): 4.

[106] 张春风. 非结构化车联网大数据存储与处理技术研究与应用 [D]. 合肥：中国科学技术大学, 2018.

[107] 岳过. 室内移动对象的行为模式挖掘及个性化推荐研究 [D]. 北京：中国矿业大学, 2019.

[108] 于文利. 基于轨迹数据的苏尼特草场放牧强度与预警机制研究 [D]. 2019.

[109] 周伦. 基于 Hadoop 平台及轨迹挖掘的打车服务应用系统设计与实现 [D]. 北京：北京邮电大学，2018.

[110] 郑林江, 赵欣, 蒋朝辉, 等. 基于出租车轨迹数据的城市热点出行区域挖掘 [J]. 计算机应用与软件, 2018, 35(1): 8.

[111] 赵玲. 基于出租汽车轨迹数据的城市载客热点区域挖掘发现及空间活动特征研究 [D]. 西安：长安大学, 2017.

[112] 杨振娟. 基于出租车 GPS 轨迹的热点路径挖掘和载客路径推荐 [D]. 兰州：西北师范大学，2020.

[113] 姚锐. 基于出租车轨迹的热点区域挖掘及应用研究 [D]. 北京：北京工业大学，2019.

[114] 赵斌, 韩晶晶, 史覃覃, 等. 语义轨迹建模与挖掘研究进展 [J]. 地球信息科学学报, 2020, 22(4): 15.

[115] 周燕. 基于 spark 的语义轨迹频繁模式提取方法及其应用 [D]. 武汉：湖北工业大学, 2020.

[116] 刘春, 周燕, 李鑫. 挖掘语义轨迹频繁模式及拼车应用研究 [J]. 计算机工程与应用, 2019, 55(15): 8.

[117] 金莹. 基于语义轨迹挖掘的选址问题研究和实现 [D]. 上海：华东师范大学, 2020.

[118] Ding C, Sheets D A, Ye Z, et al. Visualizing Hidden Themes of Taxi Movement with Semantic Transformation[C]// Visualization Symposium. IEEE, 2014.

[119] 齐观德, 李石坚, 潘遥, 等. 基于出租车轨迹数据挖掘的乘客候车时间预测 [C]// 第八届和谐人机环境联合学术会议 (HHME2012) 论文集 PCC. 2012.

[120] 马连韬, 王亚沙, 彭广举, 等. 基于公交车轨迹数据的道路 GPS 环境友好性评估 [J]. 计算机研究与发展, 2016, 53(12): 14.

[121] 王丹. 基于主题模型的用户画像提取算法研究 [D]. 北京：北京工业大学, 2016.

[122] 张宏鑫, 盛凤帆, 徐沛原, 等. 基于移动终端日志数据的人群特征可视化 [J]. 软件学报, 2016(5): 14.

[123] Ferrari L, Rosi A, Mamei M, et al. Extracting Urban Patterns from Location-based Social Networks[C]// Workshop on Location-based Social Networks. ACM, 2011.

[124] Yuan J, Zheng Y, Xie X. Discovering regions of different functions in a city using human mobility and POIs[J]. ACM, 2012: 186.

[125] Sahlabadi M, Muniyandi R C, Shukur Z. Detecting abnormal behavior in social network websites by using a process mining technique[J]. Journal of Computer Science, 2014, 10(3): 393-402.

[126] Soares D C, Santoro F M, Baiao F A. eMail Mining: Knowledge intensive process discovery through e-mails[J]. IEEE, 2012.

[127] 高强, 张凤荔, 王瑞锦, 等. 轨迹大数据：数据处理关键技术研究综述 [J]. 软件学报, 2017, 28(4): 34.

[128] Zheng X. Learning travel recommendations from user-generated GPS traces[J]. ACM, 2011.

[129] 曹卫权, 褚衍杰, 贺亮. 基于自适应分段粒度的时空模式挖掘方法 [J]. 计算机应用研究, 2018, 35(3): 5.

[130] 孙艳. 面向 RFID 海量数据的图挖掘技术研究 [D]. 扬州：扬州大学, 2011.

[131] Nascimento J C, Figueiredo M, Marques J S. Trajectory Classification Using Switched Dynamical Hidden Markov Models[J]. IEEE Press, 2010, 19(5): 1338-1348.

[132] Sun J. Modeling and recognizing human trajectories with beta process hidden Markov models[J]. Pattern Recognition: The Journal of the Pattern Recognition Society, 2015, 48(8): 2407-2417.

[133] Santos L, Khoshhal K, Dias J. Trajectory-based human action segmentation[J]. Pattern Recognition: The Journal of the Pattern Recognition Society, 2015(2).

[134] 蔡文学, 萧超武, 黄晓宇. 基于 LDA 的用户轨迹分析 [J]. 计算机应用与软件, 2015, 32(5): 4.

[135] Wang Z, Yuan X. Visual analysis of trajectory data[J]. Jisuanji Fuzhu Sheji Yu Tuxingxue Xuebao/Journal of Computer-Aided Design and Computer Graphics, 2015, 27(1): 9-25.

[136] Li J, Kang Z, Meng Z P. Vismate: Interactive visual analysis of station-based observation data on climate changes[C]// Visual Analytics Science & Technology. IEEE, 2015.

[137] Lu M, Lai C, Ye T, et al. Visual Analysis of Multiple Route Choices Based on General GPS Trajectories[J]. IEEE Transactions on Big Data, 2017: 234-247.

[138] 谢慧. 基于数据挖掘的校园一卡通日志分析系统设计与实现 [D]. 西安：西北大学，2020.